普通高等教育"十三五"规划教材

机械原理与机械设计实验指导书

主　编　赵骋飞
副主编　王瑞芳　平学成
参　编　刘　卉　吕洪玉　张林静
　　　　曹立文　周聪玲　王　芳

机械工业出版社

本书是为了适应高等院校机械类课程教学改革与人才培养的需要，在现有机械原理、机械设计、机械设计基础、机械工程基础实验的基础上，结合相关专业教学，经过多年的改革和实践，针对实验教学体系的要求编写而成的。

本书分为三章。第 1 章为机械原理实验，包括机械原理认知实验，机械运动简图测绘实验，机构运动方案创新设计实验，渐开线齿轮范成原理实验，齿轮参数测定实验，刚性转子的动平衡实验。第 2 章为机械设计实验，包括机械设计认知实验，带传动实验，齿轮传动效率实验，液体动压滑动轴承实验，轴系结构设计实验，减速器拆装实验以及机械设计大作业——螺旋起重器设计。第 3 章为机械创新设计实验，包括慧鱼创意组合设计、分析实验，便携式机械系统创意组合设计、分析实验。此外，本书还配套实验报告，方便学生与教师之间实验报告的提交与批改。

本书适合作为普通高等教育工科院校机械原理与机械设计实验课程的教材，也可供高职、大专等层次教学参考。

图书在版编目（CIP）数据

机械原理与机械设计实验指导书/赵骋飞主编. —北京：机械工业出版社，2019.9（2022.6 重印）

普通高等教育"十三五"规划教材

ISBN 978-7-111-62740-1

Ⅰ.①机… Ⅱ.①赵… Ⅲ.①机械原理-实验-高等学校-教学参考资料 ②机械设计-实验-高等学校-教学参考资料 Ⅳ.①TH111-33②TH122-33

中国版本图书馆 CIP 数据核字（2019）第 091585 号

机械工业出版社（北京市百万庄大街 22 号　邮政编码 100037）
策划编辑：余　皞　责任编辑：余　皞
责任校对：佟瑞鑫　封面设计：张　静
责任印制：常天培
固安县铭成印刷有限公司印刷
2022 年 6 月第 1 版第 3 次印刷
184mm×260mm · 8.25 印张 · 195 千字
标准书号：ISBN 978-7-111-62740-1
定价：23.80 元

电话服务　　　　　　　　　　网络服务
客服电话：010-88361066　　　机　工　官　网：www.cmpbook.com
　　　　　010-88379833　　　机　工　官　博：weibo.com/cmp1952
　　　　　010-68326294　　　金　书　网：www.golden-book.com
封底无防伪标均为盗版　　　机工教育服务网：www.cmpedu.com

前 言

本书是为了适应高等院校机械类课程教学改革与人才培养的需要,在现有机械原理、机械设计、机械设计基础、机械工程基础实验的基础上,结合相关专业教学,经过多年的改革和实践,针对实验教学体系的要求编写而成的。

本书分为三章。第1章为机械原理实验,包括机械原理认知实验,机械运动简图测绘实验,机构运动方案创新设计实验,渐开线齿轮范成原理实验,齿轮参数测定实验,刚性转子的动平衡实验。第2章为机械设计实验,包括机械设计认知实验、带传动实验、齿轮传动效率实验、液体动压滑动轴承实验、轴系结构设计实验、减速器拆装实验以及机械设计大作业——螺旋起重器设计。第3章为机械创新设计实验,包括慧鱼创意组合设计、分析实验,便携式机械系统创意组合设计、分析实验。此外,本书还配套实验报告,方便学生与教师之间实验报告的提交与批改。

通过实验教学环节,力求提高学生独立思考问题、分析问题和解决问题的能力,培养学生的测试技能、创新意识和创新能力。本书中的各个实验都是相对独立、结构完整的项目,读者可根据需要选择合适的实验项目进行实验。

参加本书编写的有:赵骋飞、王瑞芳、平学成、刘卉、吕洪玉、张林静、曹立文、周聪玲、王芳。由赵骋飞任主编,王瑞芳、平学成任副主编。

本书是在天津科技大学机械工程学院机械基础实验教学体系与内容改革研究和实践的基础上编写的,其中的实验项目、内容和方法以天津科技大学机械工程学院机械基础教学实验中心现有的软硬件条件为基础,适合普通高等院校机械基础实验教学的要求,各同类学校使用时可根据具体条件做适当调整。

由于编者水平有限,本书中难免存在不妥之处,恳请广大读者提出宝贵意见。同时,对在本书编写过程中提供各种指导和帮助的同行表示衷心感谢。

编 者

目 录

前言
第1章　机械原理实验 ……………………………………………………………… 1
　1.1　机械原理认知实验 …………………………………………………………… 1
　1.2　机构运动简图测绘实验 ……………………………………………………… 7
　1.3　机构运动方案创新设计实验 ………………………………………………… 10
　1.4　渐开线齿轮范成原理实验 …………………………………………………… 24
　1.5　齿轮参数测定实验 …………………………………………………………… 26
　1.6　刚性转子的动平衡实验 ……………………………………………………… 28
第2章　机械设计实验 ……………………………………………………………… 36
　2.1　机械设计认知实验 …………………………………………………………… 36
　2.2　带传动实验 …………………………………………………………………… 46
　2.3　齿轮传动效率实验 …………………………………………………………… 53
　2.4　液体动压滑动轴承实验 ……………………………………………………… 58
　2.5　轴系结构设计实验 …………………………………………………………… 65
　2.6　减速器拆装实验 ……………………………………………………………… 71
　2.7　机械设计大作业——螺旋起重器设计 ……………………………………… 74
第3章　机械创新设计实验 ………………………………………………………… 80
　3.1　慧鱼创意组合设计、分析实验 ……………………………………………… 80
　3.2　便携式机械系统创意组合设计、分析实验 ………………………………… 93
实验报告册 …………………………………………………………………………… 1
　1.1　机械原理认知实验报告 ……………………………………………………… 3
　1.2　机构运动简图实验报告 ……………………………………………………… 4
　1.3　机构运动方案创新设计实验报告 …………………………………………… 5
　1.4　齿轮范成原理实验报告 ……………………………………………………… 6
　1.5　齿轮参数测定实验报告 ……………………………………………………… 7
　1.6　刚性转子动平衡实验报告 …………………………………………………… 9
　2.1　机械设计认知实验报告 ……………………………………………………… 10
　2.2　带传动实验报告 ……………………………………………………………… 11
　2.3　齿轮传动效率实验报告 ……………………………………………………… 12
　2.4　液体动压滑动轴承实验报告 ………………………………………………… 13
　2.5　轴系结构设计实验报告 ……………………………………………………… 15
　2.6　减速器拆装实验报告 ………………………………………………………… 16

第1章

机械原理实验

1.1 机械原理认知实验

一、实验目的

本实验是为了加强对机械和机器的认识，配合"机械原理"课程的讲授，设置了八个展柜，较全面地介绍了机械原理的一些基本知识。通过此认知实验，对机械原理方面的知识有概略的了解。

二、各实验柜内容简介

第一柜 简要介绍了三种机器及各种运动副

（1）单缸气油机模型 单缸气油机能把燃气的热能通过曲柄滑块机构转换成曲柄转动的机械能。为了增加输出功率和运转平稳性，采用了四组曲柄滑块机构配合工作。由齿轮机构控制各气缸的点火时间，由凸轮机构控制进气阀和排气阀的开与关。

（2）蒸汽机模型 蒸汽机采用曲柄滑块机构将蒸汽的热能转换为曲柄转动的机械能。由连杆机构来控制进气和排气的方向，以实现正反转。

（3）家用缝纫机 家用缝纫机采用多种机构相互配合实现缝纫动作。针的上下运动由曲柄滑块机构来实现，提线动作由圆柱凸轮机构来实现，送布运动由几组凸轮机构相互配合来实现。

三部机器有一个共同特点：机器都是几个机构按照一定的运动要求互相配合组成的。

（4）运动副 运动副是构件之间的活动连接。运动副是以其运动特征和它的外形来命名的，如球面副、螺旋副、曲面副、移动副、转动副等。

第二柜 平面四杆机构

平面连杆机构是被广泛应用的机构之一，而基本的是平面四杆机构。根据含转动副的数目，平面四杆机构分为三大类。

1. 铰链四杆机构

四个运动副均为转动副，它有三种运动形式。

（1）曲柄摇杆机构 以最短杆相邻的杆作为机架，最短杆能相对机架回转360°，故为曲柄。曲柄做等速转动时，另一连架杆做变速摆动，称为摇杆。摇杆向右摆动慢，向左摆动快，这种现象称为"急回特性"。

(2) 双曲柄机构　取最短杆为机架，与机架相连的两杆均为曲柄。当一个曲柄等速转动时，另一个曲柄在右半周内转动慢，在左半周内转动快。这种现象称为"急回特性"。

(3) 双摇杆机构　以最短杆的相对杆作为机架，与机架相连的两杆均不能做整周回转只能来回摆动。

2. 带有一个移动副的四杆机构

其是以一个移动副代替铰链四杆机构中的一个转动副演变得到的（简称单移动副机构）。

(1) 曲柄滑块机构　（以最短杆相邻的杆为机架）曲柄滑块机构是应用最多的一种单移动副机构，可以将转动变为往复移动，或将往复移动转变为转动。曲柄匀速转动时，滑块的速度是非匀速的。把这个机构倒置，可得到多种不同运动形式的单移动机构。

(2) 曲柄摇块机构　曲柄摇块机构以蓝色杆（最短杆的相邻杆）为机架，红杆为曲柄，黑杆绕固定点做摆动，也有急回特性。

(3) 转动导杆机构　转动导杆机构以红杆（最短杆）为机架，其他两杆均为曲柄，黑杆因其运动形式称为导杆。

(4) 移动导杆机构　移动导杆机构以滑块为机架，此机构没有曲柄。

3. 带有两个移动副的四杆机构

(简称双移动副机构）把它们倒置可得三种形式的四连杆机构。

(1) 曲柄移动导杆机构（正弦机构）　黑色导杆做简谐移动，常用于仪器仪表中。

(2) 双滑块机构　在机构连杆上的一点的轨迹是一个椭圆，所以称为画椭圆机构。机构上除滑块与连杆相连的两铰链和连杆中的轨迹为圆以外，其余所有点的轨迹均为椭圆。

(3) 双转块机构　（十字滑块机构）如以一转块做等速回转的原动件，则从动转块也做等速回转，且转向相同。当两个平行传动轴间的距离很小时，可采用这种机构。此机构通常作为联轴器应用。

第三柜　机构运动简图及画法和平面连杆机构的应用

机构运动简图是工程上常用的一种图形表示方式，它用规定的符号和线条来清晰地、简明地表达出机构的运动情况。本柜共陈列了三个机器模型，应注意看懂其工作原理和运动情况，以及机器由几个构件组成、是什么形式的运动副。

平面连杆机构的应用：第一类应用是实现给定的运动规律，第二类是实现给定的轨迹。

1. 实现给定的运动规律

有 4 个示例。

(1) 飞剪　这里采用了曲柄摇杆机构。它利用连杆上一点的轨迹和摇杆上一点的轨迹相配合来完成剪切工作，使剪切区域内上下两个刀刃的运动在水平方向的分速度相等，且又等于钢板的运行速度。

(2) 压包机　冲头在完成一次压包冲程后在最上端位置有一段停歇时间，以便进行上下料工作。

(3) 铸造造型机翻转机构　它是一个双摇杆机构。当砂箱在震动台上造型震实后，利用机构的连杆将砂箱由下面经 180° 的翻转搬运到上面位置，然后取模，完成一次造型工艺。机构实现了两个给定的不同位置。

(4) 电影摄影升降机　此处采用了平行四边形机构。工作台设在连杆上，从而保证了工作台在升降过程中始终保持水平位置。

2. 实现给定的轨迹

有一个示例。

港口起重机采用了一个双摇杆机构。在连杆上的某一点有一段近似直线的轨迹，起重机的吊钩就是利用这一直线轨迹，使重物水平移动，避免因不必要的提升重物而作功。

第四柜　凸轮机构

凸轮机构常用于将主动构件的连续运动转变为从动构件的往复运动。只要适当地设计凸轮廓线，便可以使从动件获得任意的运动规律。凸轮机构结构简单而紧凑，广泛地应用于各种机械、仪器和操纵控制装置。

1. 凸轮机构的组成

（1）凸轮　凸轮有特定的廓线。

（2）从动件　从动件由凸轮廓线控制着按预期的运动规律做往复移动或摆动。常见的结构有尖顶、滚子、平底和曲面四种形式。

（3）锁合装置　为了使凸轮与从动件在运动过程中，始终保持接触而采用的装置。常见的有①力锁合，利用重力、弹簧力或其他外力使从动件与凸轮始终保持接触；②结构锁合，利用凸轮和从动件的高副几何形状，使从动件与凸轮始终保持接触。

2. 常见的平面凸轮机构

（1）盘形凸轮机构　外形似盘形，结构简单、设计容易、制造方便，应用很广。

（2）移动凸轮机构　凸轮做直线往复移动，可把它看成转轴在无穷远处的盘形凸轮，应用也很广。

（3）槽形凸轮机构　从动件端部嵌在凸轮的沟槽中保证从动件的运动。其锁合方式最简单，缺点是增大了凸轮机构的尺寸及不能采用平底从动件。

（4）带有交叉曲线槽的槽形凸轮　凸轮旋转两周，从动件完成一个运动循环。

（5）等宽凸轮机构　凸轮的宽度始终等于平底从动件的宽度，凸轮与平底始终保持接触。

（6）等径凸轮机构　在任何位置时从动件两滚子中心的距离之和等于一个定值。

（7）主回凸轮机构　主回凸轮机构采用两个固结在一起的盘状凸轮控制一个从动件。主凸轮控制从动件工作行程，回凸轮控制从动件的回程。

3. 常见的空间凸轮机构

一般根据它们的外形命名，有球面凸轮、双曲面凸轮、圆锥体凸轮、圆柱凸轮。如球面凸轮，是圆弧回转体，它的母线是一条圆弧，一般都采用摆动从动件，从动件的摆动中心就是母线圆弧的中心。圆柱凸轮在设计和制造方面都比其他空间凸轮简单，应用得最多。空间凸轮机构的共同特点是，凸轮和从动件的运动平面不是互相平行的，当采用移动从动件时，移动从动件沿凸轮机械母线方向运动。

第五柜　齿轮机构

齿轮机构是一种常用的传动装置，具有传动准确可靠，运转平稳，承载能力大，体积小，效率高等优点，在各种设备中被广泛地采用。根据主动轮与从动轮两轴的相对位置，可将齿轮传动分为平行轴传动，相交轴传动和交错轴传动三大类。

1. 传递两平行轴之间运动和动力的齿轮机构

（1）外啮合直齿圆柱齿轮机构　外啮合直齿圆柱齿轮机构是齿轮机构中最简单、最基本的一种类型，在学习上一般以它为研究重点，从中找出齿轮传动的基本规律，并以此为指导去研究其他类型的齿轮机构。

（2）内啮合直齿圆柱齿轮机构　主、从动齿轮之间转向相同，在同样传动比情况下，所占空间位置小。

（3）齿轮齿条机构　主要用在将转动变为直线移动或者将移动变为转动的场合。

（4）斜齿圆柱齿轮机构　它的轮齿沿螺旋线方向排列在圆柱体上。螺旋线方向有左旋和右旋之分。斜齿圆柱齿轮的传动特点是传动平稳，承载能力高，噪声小。但轮齿倾斜会产生轴向力，使轴承受到附加的轴向推力。

（5）人字圆柱齿轮机构　可将它看成是具有左右两排对称形状的斜齿轮组成。因轮齿左右两侧完全对称，所以两个轴向力可互相抵消。人字齿轮传动常用于冶金、矿山等设备中的大功率传动。

2. 传递两相交轴之间运动和动力的齿轮机构

锥齿轮机构的轮齿分布在一个锥体上，两轴线的夹角 θ 可任意选择，一般常采用的是 $90°$ 夹角。因轴线相交，两轴孔相对位置加工难达到高精度，而且一齿轮是悬臂安装，故锥齿轮的承载能力和工作速度都较圆柱齿轮低。

（1）直齿锥齿轮机构　制造容易，应用广泛。

（2）曲线齿锥齿轮机构　曲线齿锥齿轮机构比直齿锥齿轮传动平稳，噪声小，承载能力大，可用于高速重载的传动。

3. 传递相错轴运动和动力的齿轮机构

（1）螺旋齿轮机构　螺旋齿轮机构由螺旋角不同的两个斜齿轮配对组成，理论上两齿面为点接触，所以轮齿易磨损、效率低。故不宜用于大功率和高速的传动。

（2）螺旋齿轮齿条机构　其特点与螺旋齿轮机构相似。

（3）蜗轮蜗杆机构　两轴的夹角为 $90°$。特点是传动平稳、噪声小、传动比大，一般单级传动比为 $8\sim100$，因而结构紧凑。

（4）弧面蜗轮蜗杆机构　弧面蜗杆外形是圆弧回转体，蜗轮与蜗杆的接触齿数较多，降低了齿面的接触应力，其承载能力为普通圆柱蜗轮蜗杆传动的 $1.4\sim4$ 倍。弧面蜗轮蜗杆机构制造复杂，装配条件要求较高。

第六柜　齿轮机构参数

本柜要注意观察渐开线和摆线的形成及重点了解渐开线齿轮基本参数的性质。

1. 渐开线的形成

以一条直线沿一个圆周上做纯滚动时，直线上任一点 K 的轨迹，称为该圆的渐开线。这条直线称为发生线，该圆称为基圆。请注意观察，发生线、基圆、渐开线三者的关系，从而可得到渐开线的一些性质。

1）渐开线的形状取决于基圆大小。

2）发生线是渐开线上点的法线，而且切于基圆。

3）基圆内无渐开线。

4）发生线沿基圆滚过的长度，等于基圆上被滚过的圆弧长度。

2. 摆线的形成

一个圆在另一个固定的圆上滚动时，滚圆上任一点的轨迹就是摆线。滚圆称发生圆，固定圆称为基圆。它们有以下几种情况。

1）动点在滚圆的圆周上时，所得的轨迹称为外摆线。

2）动点在滚圆的圆周内时，所得的轨迹称为短幅外摆线。

3）动点在滚圆的圆周外时，所得的轨迹称为长幅外摆线。

4）滚圆在基圆内滚动时，圆周上一点所画的轨迹称为内摆线。

3. 渐开线标准齿轮的基本参数

（1）齿数 z 在设计齿轮传动时，合理地选择齿数涉及的因素很多。在模数和齿形角相同的情况下，齿数的多少对齿形有很大的影响。当齿数无穷多时，渐开线齿廓变成直线，齿轮变成齿条。当齿数少时，基圆小，齿廓曲线的曲率大。齿数少轮齿根部削弱，齿根高部分的渐开线减少。

（2）模数 m 模数等于两齿间的距离即齿距 p 除以圆周率 π 的商，是确定轮齿周向尺寸、径向尺寸、以及齿轮大、小的一个参数。同时也是齿轮强度计算的一个重要参数。模数已标准化。

（3）分度圆压力角 α 也称为齿形角，渐开线齿廓上各点的压力角是不同的，越接近基圆压力角越小，渐开线在基圆的压力角为零。国家标准规定标准齿廓上分度圆的压力角为 20°或 15°，常用的为 20°。

（4）齿顶高系数 h_a^* 和顶隙系数 c^* 轮齿的高度在理论上受到齿顶厚度过小所限制，为此在齿高与齿厚之间建立一定的关系。齿厚是模数的函数，所以齿高也取为模数的函数。国家标准中规定有正常齿和短齿两种齿高制。这两个系数已标准化，国家标准规定标准齿轮：$h_a^* = 1$，$c^* = 0.25$。

第七柜　周转轮系

几对齿轮组成一个传动系统称为轮系。在轮系运转时，其中至少有一个齿轮轴线的位置并不固定，而是绕其他齿轮的固定轴线回转，则这种轮系称为周转轮系。它有两大类：差动轮系和行星轮系。

1. 差动轮系

它有两个自由度 $F=2$。差动轮系可将一个运动分解为两个运动，也可将两个运动合成为一个运动。运动的合成在机械装置和自动调速装置中得到广泛应用。用差动轮系可得到加法机构，也可得到减法机构。如当需要将一个主动件的转动按所需比例分解为两个从动件的转动时，可采用差动轮系。例如，汽车后轮的差速传动装置，当汽车沿直线行驶时，左右两轮转速相等，当汽车转弯时，左轮转动慢，右轮转动快。

2. 行星轮系

机构的自由度 $F=1$。当一轮系运转时，若一个或几个齿轮绕固定轴线回转，称为太阳轮，某一齿轮一方面绕自己的轴线自转，另一方面又随着转臂一起绕固定轴线公转，就像行星的运动一样，该齿轮称为行星轮。这种轮系称之为行星轮系。若把该轮系中的转臂固定不动，这时周转轮系就变为定轴轮系。

本柜有一全部由外啮合齿轮组成的行星轮系，这一行星轮系齿数差为 4，传动比为 10。当每一对啮合齿轮采用少齿差时，可获得很大的传动比。例如，当每对齿轮齿数相差 2 时，传动比为2500，齿数差相差1时，可得到传动比为10000。这种结构的行星轮系，每对齿轮齿数相差越小，传动比就越大，传动效率就越低。

3. 旋轮线简介

在周转轮系中行星轮上某点的运动轨迹称为旋轮线。内啮合行星轮系中，当行星轮的半径与齿轮半径之比取不同数值时，可得到不同形状和性质的旋轮线。

4. 三种减速器的特点简介

（1）行星减速器　它适合传递功率，结构紧凑，效率也不低，其一级传动比为1.2~12，本柜中这个行星轮系的传动比为7。

（2）谐波齿轮减速器　其最大的特点是有一个柔轮，柔轮是一个弹性元件，利用它的变形可实现传动。其传动比的计算与周转轮系相似。它的特点是，传动比大，元件少，体积小，同时啮合的齿数多，在相同条件下比一般齿轮减速器的元件少一半，体积和重量可减少30%~50%。

（3）摆线针轮行星齿轮减速器　其特点为体积小，重量轻，承载能力大，效率高，工作平稳。

第八柜　停歇和间歇运动机构

在机械中，常需要某些构件产生周期性的运动和停歇，这种运动的机构称为停歇和间歇运动机构。

1. 间歇运动机构

（1）棘轮机构　结构简单，制造方便，应用较广。棘轮机构常见的有齿式和摩擦式两种。①齿式棘轮机构运动可靠，棘轮运动角只能进行有级调整，回程时棘爪在齿面上滑行，引起噪声和齿尖磨损。所以一般只能用于低速和传动精度要求不高的情况下。②摩擦式棘轮机构，棘轮运动角可进行无级调整。因摩擦传动，棘爪与轮接触过程无噪声，传动平稳，但很难避免打滑，因此运动的准确性较差，常用于超越离合器。

（2）槽轮机构　具有结构简单，制造容易，工作可靠和机械效率高等优点。但槽轮机构在工作时有冲击，随着转速的增加及槽轮数的减少而加剧，不宜用于高速场合，适用范围受到一定的限制。外啮合槽轮机构使用得最多、最广。内啮合槽轮机构常用于槽轮停歇时间短，传动较平稳，要求减少机构空间尺寸和槽轮机构主、从方向相同的场合。外、内啮合槽轮仅能传递平行轴之间的间歇运动。球面槽轮机构的槽轮为半球形，可传递相交轴之间的间歇运动。

（3）齿轮式间歇运动机构　各种不同的齿轮式间歇运动机构，都是由齿轮机构演变而成的，它的外形特点是轮齿不满布于整个圆周上。

（4）摆线针轮不完全齿轮机构　它的轮齿也不满布于整个圆周上。

不论哪种齿轮式间歇运动机构，特点都是运动时间与停歇时间之比不受机构结构的限制，工位数可任意配置。从动轮在进入啮合和脱离时有速度突变，冲击较大。一般适用于低速轻载的工作条件。

2. 停歇运动机构

（1）具有停歇运动的曲柄连杆机构　利用连杆上某点所描绘的一段圆弧轨迹，然后将从动的另一连杆与此点相连，取其长度等于圆弧的半径，这样当每次循环到此段圆弧时从动滑块停歇。

（2）具有停歇运动的导杆机构　将它的导杆槽中的某一部分做成圆弧，其圆弧半径等于曲柄的长度，这样机构在左边极限位置时具有停歇特性。

1.2　机构运动简图测绘实验

一、实验目的

1）根据实际机械或模型的结构，学习测绘机构运动简图的方法、步骤、基本技能。
2）通过训练测绘进一步理解机构的组成、机构自由度的意义，及如何计算机构自由度。
3）通过实验进一步了解机构运动简图与实际机构的区别。

二、实验设备

1）各种机构模型或机械实物。
2）绘图工具：铅笔、橡皮、纸张（自备）、卷尺、直尺等。

三、实验方法

机构运动简图只与机构原动件的运动规律，机构中的构件数目，运动副的类型、数目及各运动副的相对位置（即与运动有关的尺寸）有关，而与构件的实际外形、运动副的具体结构无关。因此，绘制反映机构运动特性的机构简图时，可以撇开机构复杂的外形和运动副的具体构造，而用简单的线条和规定的符号表示构件和运动副，并按一定的比例确定运动副相对位置，从而绘制出机构运动简图。具体步骤：

1. 观察

1）用手缓慢转动（拨动）被测绘的机构模型或机械实物，从原动件开始仔细观察其运动情况，找出并分析哪些是固定件，哪些是活动构件，确定构件的数目。
2）观察并分清各运动单元及运动单元之间的相对关系和相对位置，判断和确定机构运动副的数目和类型。

2. 测绘

1）选择能清楚表达多数构件运动特性的平面作为投影面，注意各运动单元应处于一般的位置上。
2）测量各构件上与运动有关的尺寸，如两转动副的中心距离，移动副的相对位置尺寸等。
3）选择适当的比例尺，或在只需了解机械运动特征而不进行定量分析时，可不按准确比例绘制简图，但应目测相关尺寸，按近似比例绘出大致相对位置即可。

$$长度比例尺\ \mu_l = \frac{构件的实际长度(m)}{简图上所画的构件长度(mm)}$$

4）徒手在稿纸上按规定的符号和构件的关联顺序依次画出机构运动简图。
5）计算机构自由度，并验算测绘结果是否正确。机构自由度 F：

$$F = 3n - 2P_l - P_h \tag{1-1}$$

式中，n 是活动构件数；P_l 是低副数；P_h 是高副数。

四、实验要求

参照常用运动副的符号、常用机构运动简图符号、一般构件的表示方法，每位同学自选测绘四个机构并画出其运动简图。常用运动副、机构传动简图、构件的表示方法见表 1-1~表 1-3。

表 1-1 运 动 副

运动副名称		运动副符号	
		两运动构件构成的运动副	两构件之一为固定时的运动副
平面运动副	转动副	（V级）	（V级）
	移动副	（V级）	（V级）
	平面高副	（Ⅳ级）	（Ⅳ级）
空间运动副	点接触高副与线接触高副	（Ⅰ级）（Ⅱ级）	（Ⅰ级）（Ⅱ级）
	圆柱副	（Ⅳ级）	（Ⅳ级）
	球面副及球销副	（Ⅲ级）（Ⅳ级）	（Ⅲ级）（Ⅳ级）
	螺旋副	（V级）	（V级）

表 1-2　机构传动简图

在支架上的电动机	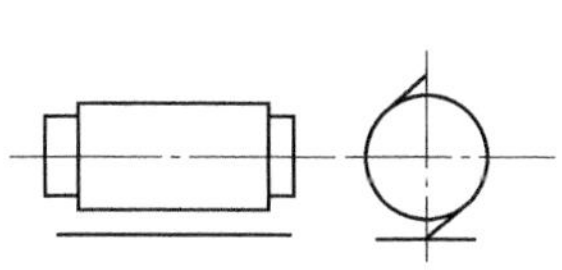	齿轮齿条传动	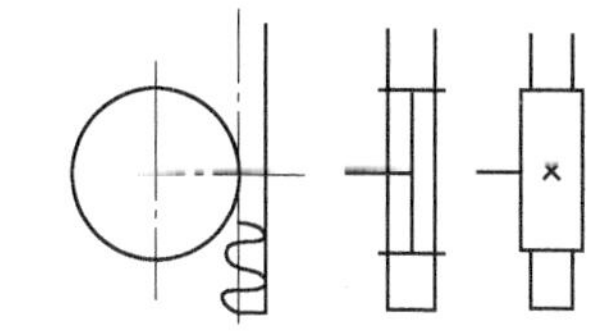
带传动	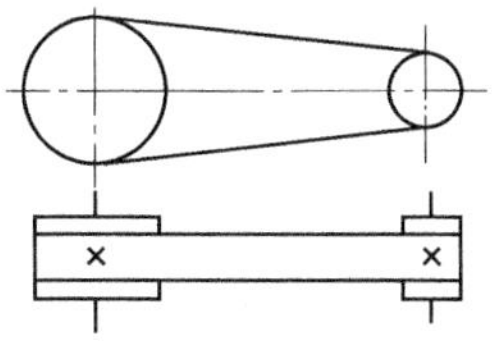	圆锥齿轮传动	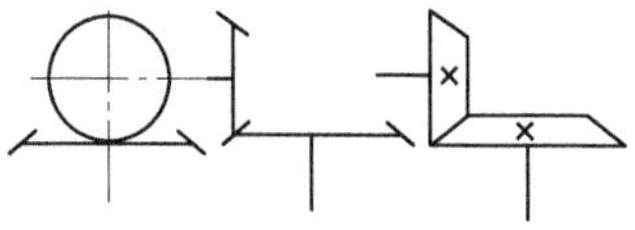
链传动	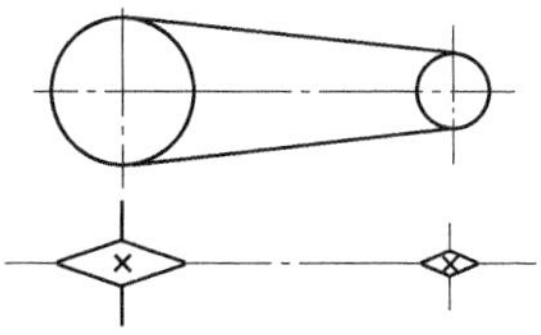	圆柱蜗杆传动	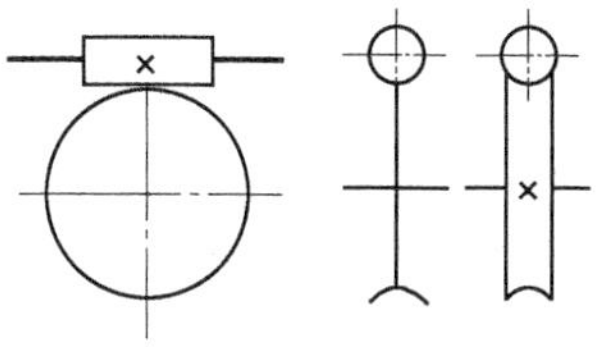
摩擦轮传动	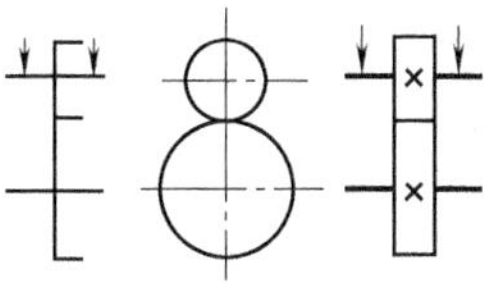	凸轮传动	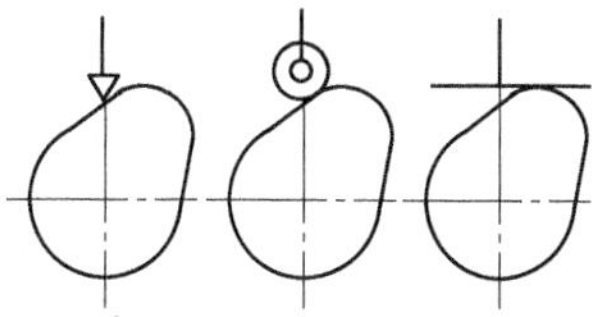
外啮合圆柱齿轮传动	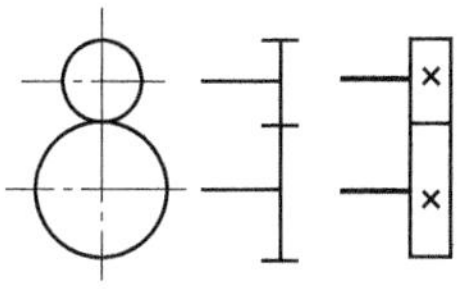	槽轮机构	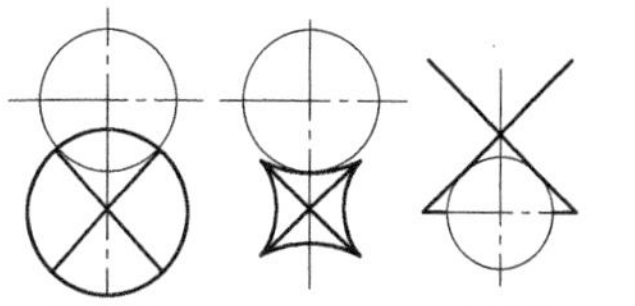 外啮合　内啮合
内啮合圆柱齿轮传动	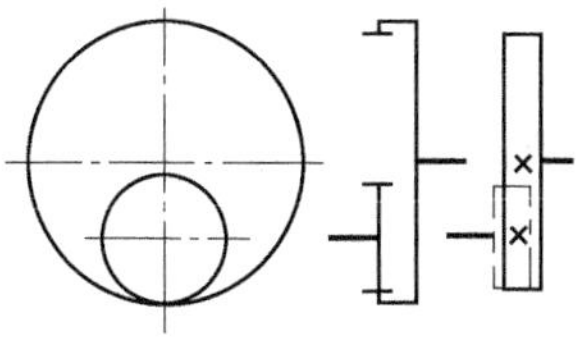	棘轮机构	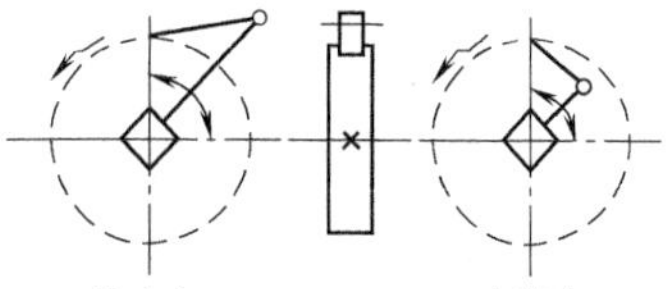 外啮合　内啮合

表 1-3　一般构件的表示方法

杆、轴类构件	
固定构件	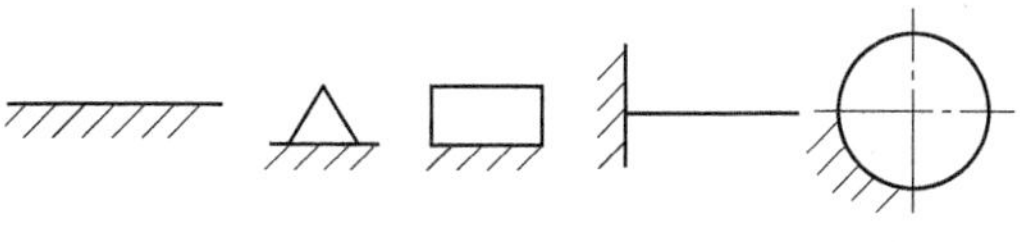

(续)

同一构件	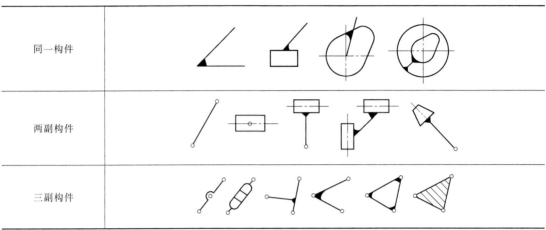
两副构件	
三副构件	

1.3 机构运动方案创新设计实验

一、实验目的

机构是机械原理课程中的一个很重要的概念,只有真正地熟练掌握了机构这个概念,才能在实际运用中设计出符合要求的机械产品。实验目的如下:

1) 加深学生对机构组成原理的认识,熟悉杆组概念,为机构创新设计奠定良好的基础。

2) 利用若干不同的杆组,拼接不同的平面机构,以培养学生机构运动创新设计意识及综合设计的能力。

3) 培养学生的工程实践动手能力。

二、实验设备和工具

1. 实验仪器的特点

实验台上主、从动构件固定铰链的位置和固定导路的位置可以实现无级地调整;构件和机架采用组合形式,可以方便地进行组装和拆卸;操作者能够组装、连接各种类型的平面机构并使其运动。

2. 实验台机架

如图 1-1 所示,实验台机架中有五根铅垂立柱,它们可沿 X 方向移动。移动时用双手推动并尽可能使立柱在移动过程中保持铅垂状态。立柱移动到预定的位置后,将立柱上、下两端的螺栓锁紧(安全注意事项:不允许将立柱上、下两端的螺栓卸下,在移动立柱前只需将螺栓拧松即可)。立柱上的滑块可沿 Y 方向移动。将滑块移动到预定的位置后,用螺栓将滑块紧固在立柱上。按上述方法即可在 X、Y 平面内确定活动构件相对机架的连接位置。面对操作者的机架铅垂面称为拼接起始参考面。

3. 组装机构的零件

组装机构的零件有凸轮、高副锁紧弹簧、齿轮、齿条、槽轮拨盘、槽轮、主动轴、转动

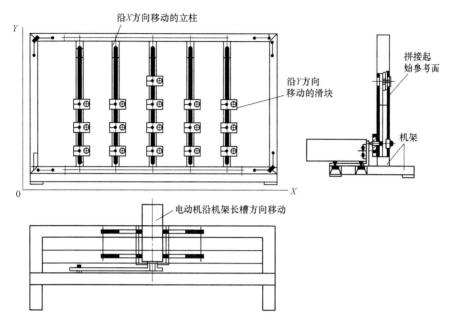

图 1-1 实验台机架图

副轴(或滑块)、扁头轴、主动滑块插件、连杆(或滑块导向杆)、转动副轴(或滑块)、带垫片螺栓、运动构件层面限位套、带轮等,具体可参看"机构运动方案创新设计实验台组件清单"中的说明。

4. 直线电动机(10mm/s)

直线电动机安装在实验台机架底部,并可沿机架底部的长行槽移动电动机。直线电动机的长齿条即为机构输入直线运动的主动件。在实验中,允许齿条单方向的最大位移为 300mm,实验者可根据主动滑块的位移量确定直线电动机两行程开关的相对间距,并且将两行程开关的最大安装间距限制在 300mm 范围内。

直线电动机控制器使用方法:

1)必须在直线电动机控制器的外接电源插座开关关闭状态下,将连接行程开关控制线的七芯航空插头,连接直线电动机控制线的五芯航空插头,及电源线插头分别接入控制器后背面板上,将前面板船形电源开关置于"点动"状态。打开外接电源插座电源开关,控制器面板电源指示灯亮。将船形电源开关切换到"连续"状态,直线电动机正常运转。

2)失控自停控制。为防止电动机偶尔产生失控现象而损坏电动机,在控制器中设计了失控自停功能。当电动机失控时,控制器会自动切断电动机电源,电动机停转。此时应将控制器前面板船形电源开关切换至"点动"状态,按"正向"或"反向"点动按钮,控制装在电动机齿条上的滑块座(10#)回到两行程开关中间位置,然后将控制器电源开关再切换到"连续"运行状态即可(注:若电动机较热,最好先让电动机停转一段时间稍做冷却后再进入"连续"运行)。

3)拼接机构未运动前,预设直线电动机的工作行程后,请务必调整直线电动机行程开关相对电动机齿条上滑块座(10#)底部的高度,以确保电动机齿条上的滑块座能有效碰撞行程开关，使行程开关能灵活动作，从而防止电动机直齿条脱离电动机主体或断齿，防止所组装的零件被损坏和保证人身安全。

4）若出现行程开关失灵情况，请立即切断直线电动机控制器的电源，掉换行程开关。

5. 旋转电动机（10r/min）

旋转电动机安装在实验台机架底部，并可沿机架底部的长形槽移动电动机。电动机电源线接入电源接线盒，电源盒上设有电源开关。

6. 其他工具

钢直尺、卷尺、内六角扳手、活络扳手等，学生自备圆规、铅笔等文具。

三、实验原理

1. 杆组的概念

（1）构件　能够独立运动的运动单元体。

（2）运动副　由两个构件直接接触而组成的相对可动连接。

（3）运动链　构件通过运动副的连接而构成的相对可动的系统。

2. 机构

在运动链中，如果将其中某一构件加以固定而成为机架，则该运动链称为机构。

机构组成原理：任何机构都可以看作是由若干个基本杆组依次连接于原动件和机架上而构成的。

任何机构都是由机架，原动件和从动件系统，通过运动副连接而成。机构的自由度数应等于原动件数，因此封闭环机构从动件系统的自由度必等于零。而整个从动件系统又往往可以分解为若干个不可再分的、自由度为零的构件组，称为组成机构的基本杆组，简称杆组。

根据平面机构的数综合和结构公式，基本杆组应满足的条件：

$$F = 3n - 2P_l - P_h = 0$$

其中活动构件数 n，低副数 P_l 和高副数 P_h 都必须是整数，由此可以获得各种类型的杆组。当 $n=1$，$P_l=1$，$P_h=1$ 时即可获得单构件高副杆组，常见的如图1-2所示。

当 $P_h = 0$ 时，称之为低副杆组，即：

$$F = 3n - 2P_l = 0$$

因此满足上式的构件数和运动副数的组合为：$n = 2$、4、6、…，$P_l = 3$、6、9、…。

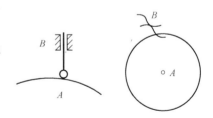

图1-2 单构件高副杆组

最简单的杆组为 $n=2$，$P_l=3$，称为Ⅱ级组，由于杆组中转动副轴和移动副的配置不同，Ⅱ级杆组共有如下五种形式，如图1-3所示。

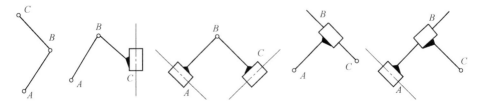

图1-3 平面低副Ⅱ级组

$n=4$，$P_l=6$ 的杆组称为Ⅲ级杆组，其形式较多，图1-4所示为几种常见的Ⅲ级杆组。

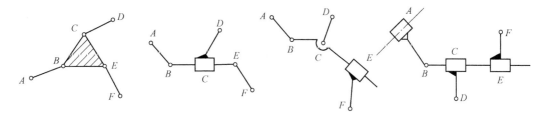

图1-4　平面低副Ⅲ级杆组

根据如上所述，可将机构的组成原理概述为：任何平面机构均可以用零自由度的杆组依次连接到原动件和机架上去的方法来组成。这是实验的基本原理。

四、正确拆分杆组及各种拼装杆组方法

1. 正确拆分杆组

正确拆分杆组的三个步骤：

1) 先去掉机构中的局部自由度和虚约束，有时还要将高副加以低代。
2) 计算机构的自由度，确定原动件。
3) 从远离原动件的一端（即执行机构）先试拆分Ⅱ级杆组，若拆不出Ⅱ级组时，再试拆Ⅲ级组，即由最低级别杆组向高一级杆组依次拆分，最后剩下原动件和机架。

正确拆分的判定标准是：拆去一个杆组或一系列杆组后，剩余的必须仍为一个完整的机构或若干个与机架相连的原动件，不许有不成杆组的零散构件或运动副存在，否则这个杆组拆的不对。每当拆出一个杆组后，再对剩余机构拆分，并按步骤3进行，直到剩下与机架相连的原动件为止。

如图1-5所示机构，可先除去 K 处的局部自由度；然后按步骤2计算机构的自由度：$F=1$，并确定凸轮为原动件；最后根据步骤3，先拆分出由构件4和5组成的Ⅱ级杆组，再拆分出由构件6和7及构件3和2组成的两个Ⅱ级杆组，及由构件8组成的单构件高副杆组，最后剩下原动件1和机架9。

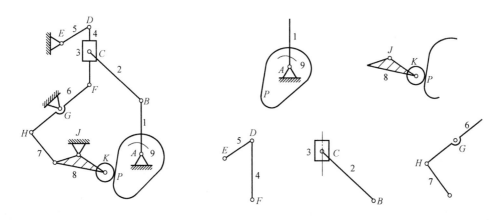

图1-5　杆组拆分例图

2. 正确拼装杆组

根据拟定或由实验中获得的机构运动尺寸，利用机构运动方案创新设计实验台提供的零件，按机构运动的传递顺序进行拼接。拼接时，首先要分清机构中各构件所占据的运动平面，其目的是避免各运动构件发生干涉。然后，以实验台机架铅垂面为拼接的起始参考面，按预定拼接计划进行拼接。拼接中应注意各构件的运动平面是平行的，所拼接机构的外伸运动层面数越少，运动越平稳，为此，建议机构中各构件的运动层面以交错层的排列方式进行拼接。

机构运动方案创新设计实验台提供的运动副的拼接方法如下。

（1）轴相对机架的拼接（图 1-6 所示的编号与"机构运动方案创新设计实验台组件清单"序号相同） 有螺纹端的轴颈可以插入滑块 28 上的铜套孔内，通过平垫片、防脱螺母 34 的连接与机架形成转动副或与机架固定。若按图 1-6 所示拼接后，轴 6 或 8 相对机架固定；若不使用平垫片 34，则轴 6 或 8 相对机架做旋转运动。操作者可根据需要确定是否使用平垫片 34。

扁头轴 6 为主动轴，8 为从动轴。该轴主要用于与其他构件形成移动副或转动副，也可将盘类构件锁定在扁头轴颈上。

（2）转动副的拼接（如图 1-7 中所示的编号与"机构运动方案创新设计实验台组件清单"序号相同） 若两连杆间形成转动副时，可按图 1-7 所示方式拼接。其中，件 14 的扁平轴颈可分别插入两连杆 11 的圆孔内，用压紧螺栓 16、带垫片螺

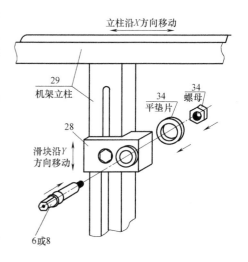

图 1-6 轴相对机架的拼接图

栓 15 与转动副轴 14 端面上的螺孔连接。这样，连杆被压紧螺栓 16 固定在件 14 的轴颈上，而与带垫片螺栓 15 相连接的件 14 相对另一连杆转动。

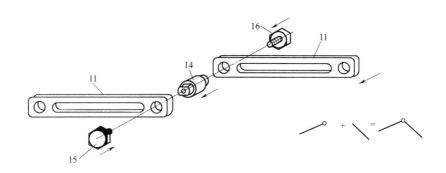

图 1-7 转动副拼接图

提示：根据实际拼接层面的需要，转动副轴 14 可用转动副轴 7 代替。由于转动副轴 7 的轴颈较长，此时需选用相应的运动构件成面限位套 17 对构件的运动成面进行限位。

（3）移动副的拼接 如图 1-8 所示，将转动副轴 24 的圆轴颈端插入连杆 11 的长槽中，通过带垫片的螺栓 15 的连接，转动副轴 24 可与连杆 11 形成移动副。

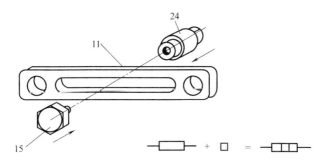

图 1-8 移动副的拼接

提示：转动副轴 24 的另一扁平轴颈可与其他构件形成转动副或移动副。根据实际拼接的需要，也可选用转动副轴 7 或转动副轴 14 代替转动副轴 24 作为滑块。

另一种形成移动副的拼接方式如图 1-9 所示。选用两根轴（轴 6 或轴 8），将其固定在机架上，然后再将连杆 11 的长槽插入两轴的扁平颈端，旋入带垫片螺栓 15，则连杆相对机架做平移运动。

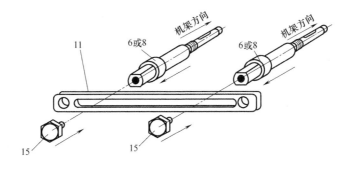

图 1-9 移动副的拼接

提示：根据实际拼接的需要，若选用的轴颈较长，需使用相应的运动构件层面限位套 17 对构件的运动层面进行限位。

（4）滑块与连杆组成转动副和移动副的拼接（图 1-10 所示的编号与"机构运动方案创

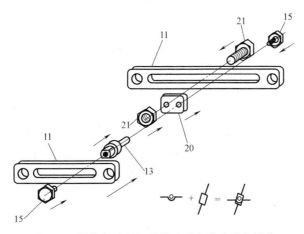

图 1-10 滑块与连杆组成转动副和移动副的拼接

新设计实验台组件清单"序号相同) 如图1-10所示,拼接效果是滑块13的扁平轴颈处与连杆11形成移动副。在固定转轴块20、螺母21的帮助下,滑块13的圆轴颈处与另一连杆在连杆长槽的某一位置形成转动副。首先用螺栓、螺母21将固定转轴块20锁定在连杆11的侧面,再将滑块13的圆轴颈插入固定转轴块20的圆孔及连杆11的长槽中,用带垫片的螺栓15旋入滑块13的圆轴颈端的螺孔中,这样滑块13与连杆11形成转动副。将滑块13扁平轴颈插入另一连杆的长槽中,将螺栓15旋入滑块13的扁平轴端螺孔中,这样滑块13与另一连杆11形成移动副。

(5) 齿轮与轴的拼接(图1-11所示的编号与"机构运动方案创新设计实验台组件清单"序号相同) 如图1-11所示,齿轮2装入轴6或轴8时,应紧靠轴(或运动构件层面限位套17)的根部,以防止造成构件的运动层面距离的累积误差。按图1-11所示连接好后,用内六角紧定螺钉27将齿轮固定在轴上(注意:螺钉应压紧在轴的平面上)。这样,齿轮与轴形成一个构件。

若不用内六角紧定螺钉27将齿轮固定在轴上,欲使齿轮相对轴转动,则选用带垫片螺栓15旋入轴端面的螺孔内即可。

(6) 齿轮与连杆形成转动副的拼接(图1-12所示的编号与"机构运动方案创新设计实验台组件清单"序号相同) 如图1-12所示,连杆11与齿轮2形成转动副。视所选用盘杆转动轴19的轴颈长度不同,决定是否需用运动构件层面限位套17。

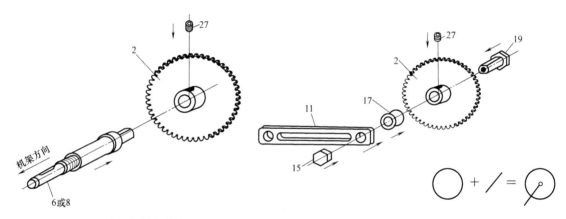

图1-11 齿轮与轴的拼接图　　　　图1-12 齿轮与连杆形成转动副的拼接

若选用轴颈长度$L=35mm$的盘杆转动轴19,则可组成双联齿轮,并与连杆形成转动副,如图1-13所示。若选用$L=45mm$的盘杆转动轴19,同样可以组成双联齿轮,与前者不同的是要在盘杆转动轴19上加装一运动构件层面限位套17。

(7) 齿条护板与齿条、齿条与齿轮的拼接(图1-14所示的编号与"机构运动方案创新设计实验台组件清单"序号相同) 如图1-14所示,当齿轮相对齿条啮合时,若不使用齿条导向板,则齿轮在运动时会脱离齿条。为避免此种情况出现,在拼接齿轮与齿条啮合运动方案时,需选用两根齿条导向板23和螺栓、螺母21按图1-14所示方法进行拼接。

(8) 凸轮与轴的拼接(图1-15所示的编号与"机构运动方案创新设计实验台组件清单"序号相同) 按图1-15所示拼接好后,凸轮1与轴6或轴8构成一个构件。

若不用内六角紧定螺钉27将凸轮固定在轴上,而选用带垫片螺栓15旋入轴端面的螺孔

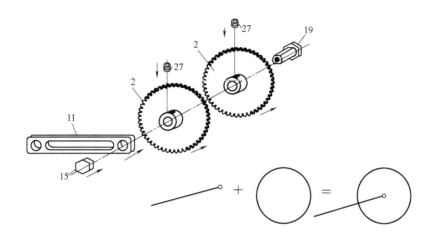

图 1-13 双联齿轮与连杆形成转动副的拼接

内,则凸轮相对轴转动。

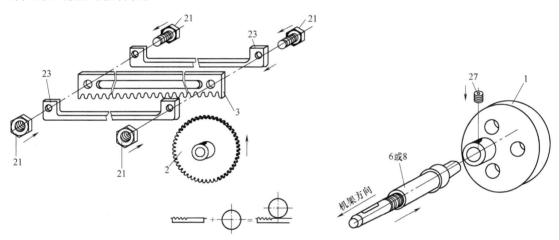

图 1-14 齿轮护板与齿条、齿条与齿轮的拼接

图 1-15 凸轮与轴的拼接

(9)凸轮高副的拼接(图 1-16 所示的编号与"机构运动方案创新设计实验台组件清

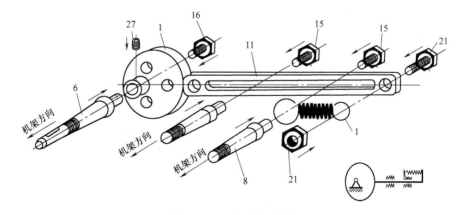

图 1-16 凸轮高副的拼接

单"序号相同） 首先将轴 6 或轴 8 与机架相连。然后分别将凸轮 1、从动件连杆 11 拼接到相应的轴上去。用内六角紧定螺钉 27 将凸轮紧固在轴 6 上，凸轮 1 与轴 6 同步转动。将带垫片螺栓 15 旋入轴 8 端面的内螺孔中，连杆 11 相对轴 8 做往复移动。高副锁紧弹簧的安装方式可根据拼接情况自定。

提示：用于支撑连杆的两轴间的距离应与连杆的移动距离（凸轮的最大升程为 30mm）相匹配。欲使凸轮相对轴的安装更牢固，还可在轴端面的内螺孔中加装压紧螺栓 16。

（10）曲柄双连杆部件的使用（图 1-17 所示的编号与"机构运动方案创新设计实验台组件清单"序号相同） 曲柄双连杆部件 22 是由一个偏心轮和一个活动圆环组合而成。在拼接类似蒸汽机机构运动方案时，需要用到曲柄双连杆部件，否则会产生运动干涉。如拼接蒸汽机机构时，活动圆环相当于杆，活动圆环的几何中心相当于转动副中心。欲将一根连杆与偏心轮形成同一构件，需将该连杆与偏心轮固定在同一根轴 6 或轴 8 上，从而组成新的杆构件。

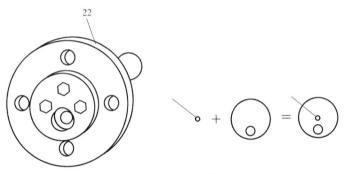

图 1-17 曲柄双连杆部件的使用

（11）槽轮副的拼接（图 1-18 所示的编号与"机构运动方案创新设计实验台组件清单"序号相同） 图 1-18 所示为槽轮副的拼接示意图。通过调整两轴 6 或 8 的间距使槽轮的运动传递灵活。

提示：为使盘类零件相对轴更牢靠地固定，除使用内六角紧定螺钉 27 紧固外，还可以使用压紧螺栓 16。

（12）滑块导向杆相对机架的拼接（图 1-19 所示的编号与"机构运动方案创新设计实验台组件清单"序号相同） 如图 1-19 所示，将轴 6 或轴 8 插入滑块 28 的轴孔中，用平垫片、防脱螺母 34 将轴 6 或轴 8 固定在机架 29 上，并使轴颈平面平行于直线电动机齿条的运动平面；将滑块导向杆 11 通过压紧螺栓 16 固定在轴 6 或轴 8 轴颈上。这样，滑块导向杆 11 与机架 29 成为一个构件。

（13）主动滑块与直线电动机齿条的拼接

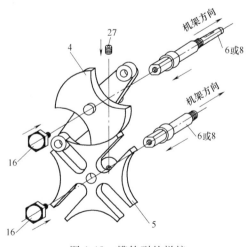

图 1-18 槽轮副的拼接

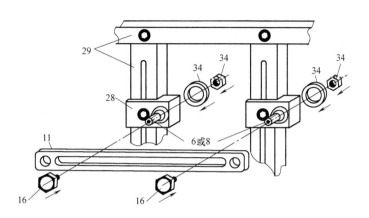

图 1-19　滑块导向杆相对机架的拼接

（图 1-20 所示的编号与"机构运动方案创新设计实验台组件清单"序号相同）　输入主动运动为直线运动的构件称为主动滑块。主动滑块相对直线电动机的安装如图 1-20 所示。首先将主动滑块座 10 套在直线电动机的齿条上，再将主动滑块插件 9 上铣有一个平面的轴颈插入主动滑块座 10 的内孔中，铣有两个平面的轴颈插入起支撑作用的连杆 11 的长槽中（这样可使主动滑块不做悬臂运动），然后，将主动滑块座调整至水平状态，直至主动滑块插件 9 相对连杆 11 的长槽能做灵活的往复直线运动为止，此时用螺栓 26 将主动滑块座固定。起支撑作用的连杆 11 固定在机架 29 上的拼接方法，参看图 1-19 所示的滑块导向杆相对机架的拼接。最后，根据外接构件的运动层面需要调节主动滑块插件 9 的外伸长度，并用内六角紧定螺钉 27 将主动滑块插件 9 固定在主动滑块座 10 上。

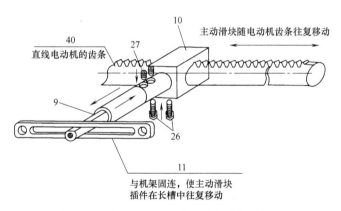

图 1-20　主动滑块与直线电动机齿条的拼接

提示：如图 1-20 所示的部分仅为某一机构的主动运动，后续拼接的构件还将占用空间，因此，在拼接图示部分时尽量减少占用空间，以方便后续的拼接需要。具体做法是将图示拼接部分尽量靠近机架的最左边或最右边。

五、实验步骤

1）选择构件，拼接基本杆组，注意转动副及移动副的拼接方法。

2）将基本杆组依次连接并固定于机架上，机架的位置通过调节实验台上铅垂立柱和滑块的位置确定。在拼接时注意各构件必须通过限位套装配在不同层面，以防止构件在运动中相互干涉。

3）整个机构组装完毕，打开电动机，认真观察运动情况。测量各构件的运动尺寸，以一定的比例将机构运动简图绘制在实验报告上。

六、机构运动创新方案实验台组件清单

见表1-4。

表1-4 机构运动创新方案实验台组件清单（单位：件/套）

序号	名称	图示及图号	规格	使用说明及标号
1	凸轮高副锁紧弹簧	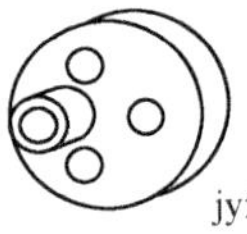 jyf10 　　jyf19	推程30mm 回程30mm	凸轮推/回程均为正弦加速度运动规律 1
2	齿轮	 jyf 8　jyf 7	标准直齿轮 $z = 34$ $z = 42$	2-1 2-2
3	齿条	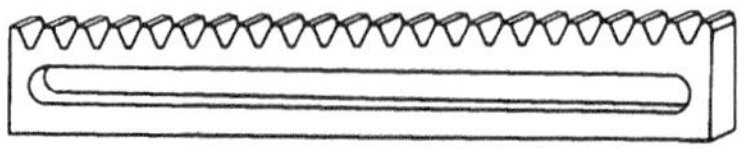 jyf 9	标准直齿条	3
4	槽轮拨盘	 jyf 11-2		4
5	槽轮	 jyf 11-1	四槽	5
6	主动轴	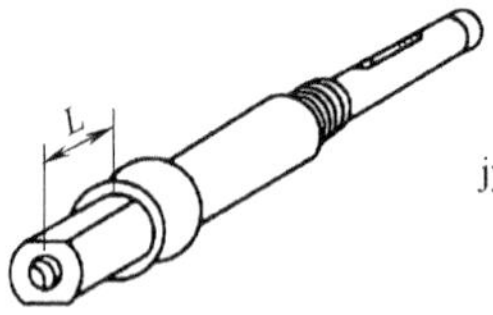 jyf 5	$L = 5$mm $L = 20$mm $L = 35$mm $L = 50$mm $L = 65$mm	6-1 6-2 6-3 6-4 6-5
7	转动副轴（或滑块）	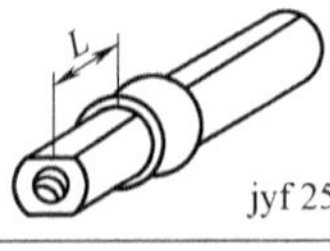 jyf 25	$L = 5$mm $L = 15$mm $L = 30$mm	7-1 7-2 7-3
8	扁头轴	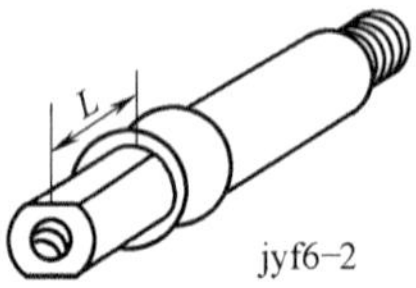 jyf 6-2	$L = 5$mm $L = 20$mm $L = 35$mm $L = 50$mm $L = 65$mm	8-1 8-2 8-3 8-4 8-5

（续）

序号	名称	图示及图号	规格	使用说明及标号
9	主动滑块插件	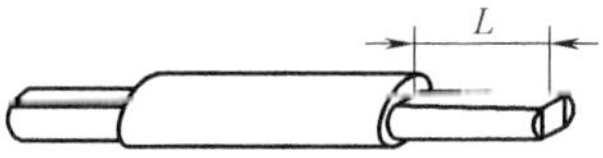 jyf42	L=40mm L=55mm	与主动滑块座固连，可组成做直线运动的主动滑块 9-1 9-2
10	主动滑块座	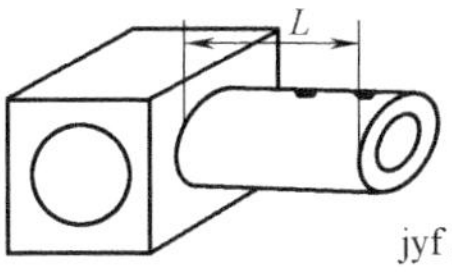 jyf37	L=30mm L=50mm	与直线电动机齿条固连 10-1 10-2
11	连杆（或滑块导向杆）	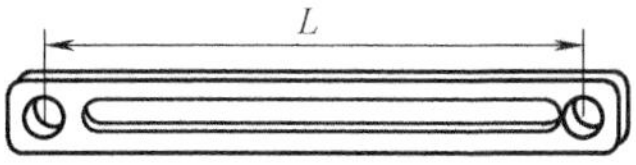 JYF16	L=50mm L=100mm L=150mm L=200mm L=250mm L=300mm L=350mm	11-1 11-2 11-3 11-4 11-5 11-6 11-7
12	压紧连杆用特制垫片	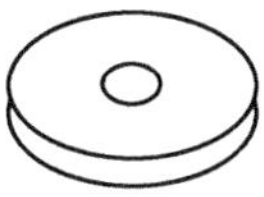 JYF23	$\phi 6.5$	将连杆固定在主动轴或固定轴上时使用 12
13	转动副轴（或滑块）-2	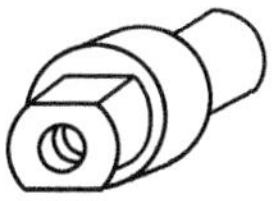 JYF20	L=5mm L=20mm	与固定转轴块20配用，可与连杆在固定位置形成转动副 13-1 13-2
14	转动副轴（或滑块）-1	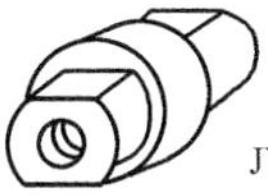 JYF12-1		两构件形成转动副时作滑块使用 14 或 14-1
15	带垫片螺栓	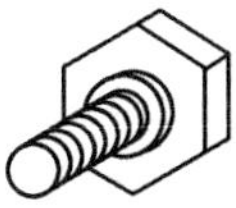 JYF14	M6	用于加长转动副轴或固定轴的轴长 15
16	压紧螺栓	 JYF13	M6	与转动副轴或固定轴配用 16
17	运动构件层面限位套	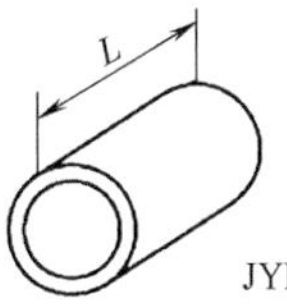 JYF15	L=5mm L=15mm L=30mm L=45mm L=60mm	17-1 17-2 17-3 17-4 17-5

（续）

序号	名称	图示及图号	规格	使用说明及标号
18	电动机主轴带轮	 JYF36 JYF45	大孔轴（用于旋转电动机）小孔轴（用于主动轴）	大带轮已安装在旋转电动机轴上 18
19	盘杆转动轴	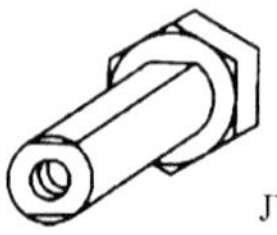 JYF24	20mm $L=35$mm 45mm	盘类零件与连杆形成转动副时用 19-1 19-2 19-3
20	固定转轴块	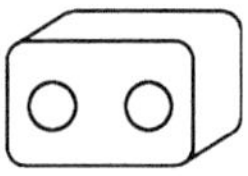 JYF22		与转动副轴13配用 20
21	加长连杆或固定凸轮弹簧用螺栓、螺母	 JYF21	M10	用于两连杆加长时的锁定；用于固定弹簧 21
22	曲柄双连杆部件	 JYF17	组合件	22
23	齿条导向板	 JYF18		23
24	转动副轴（或滑块）	 JYFf12-2		两构件形成转动副时作滑块使用 24
25	安装电动机座、行程开关座用内六角螺栓/平垫	标准件	M8×25 $\phi 8$	
26	内六角螺栓	标准件	M6×15	用于将主动滑块座固定在直线电动机齿条上
27	内六角紧定螺钉		M6×6mm	将盘类零件固定在轴上
28	滑块	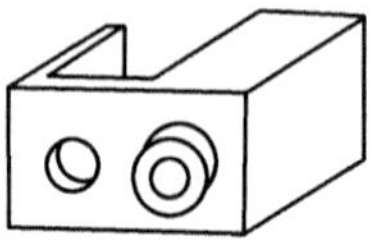 JYF33 JYF34		已与机架相连，支撑轴并在机架平面内沿铅垂方向上下移动

（续）

序号	名称	图示及图号	规格	使用说明及标号
29	实验台机架	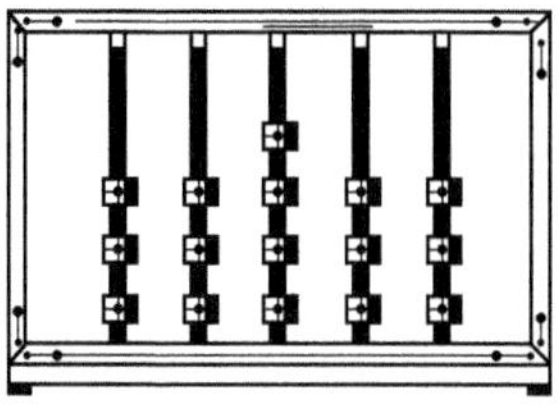 JYF31		动立柱 5 根在机架平面沿水平方向移动
30	立柱垫圈	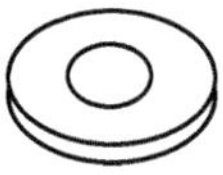 JYF44	φ9	已与机架相连，用于固定立柱
31	锁紧滑块方螺母	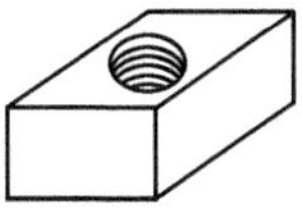 JYF-46	M6	已与滑块相连
32	T形螺母	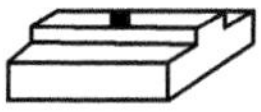 JYF-43		卡在机架的长槽内，可轻松用螺栓固定电动机座
33	形程开关支座，配内六角头螺栓平垫	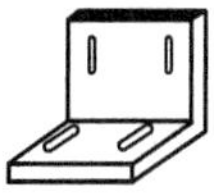 JYF-40	JYF—40 M5×15 φ5	用于行程开关与机架的连接，行程开关的安装高度可在长孔内进行调节
34	平垫片防脱螺母	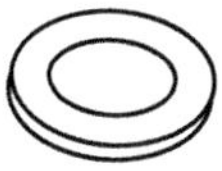 	φ17 M12	使轴相对机架不转动时用，防止轴从机架上脱出
35	旋转电动机座	 JYF-38		已与电动机相连
36	直线电动机座	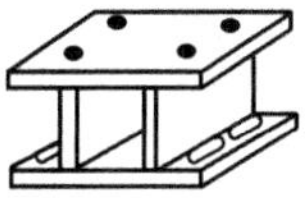 JYF-39		已与电动机相连
37	平键	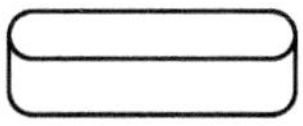	3×15	主动轴与带轮的连接
38	直线电动机控制器			与行程开关配用，可控制直线电动机的往复运动行程
39	直线电动机 旋转电动机		10mm/s 10r/min	配电动机行程开关，一对
40	工具	活动扳手 内六角扳手	8in BM—3C 4C　5C　6C	
41	使用说明书			内附装箱清单

1.4 渐开线齿轮范成原理实验

一、实验目的

1) 掌握范成法切制渐开线齿轮的原理。
2) 观察齿轮加工时的根切现象,分析渐开线齿轮产生根切的原因,掌握避免根切的方法。
3) 分析比较标准齿轮和变位齿轮的异同点。

二、仪器和用具

1) 渐开线齿轮范成仪。
2) 齿轮毛坯(圆形纸)。
3) 圆规、直尺、铅笔(自备)。

三、齿轮范成仪的构造

齿轮范成仪是利用共轭齿廓互为包络线的原理加工齿轮的一种方法,范成仪可以真实地再现齿轮范成加工的全过程。

范成仪的构造如图 1-21 所示。圆盘 1 绕固定轴心 O 转动,圆盘背后装有与之固连的齿轮 2,并与固定在横动拖板上的齿条 4 啮合。横动拖板上装有齿条刀具 6,可在机架 3 上横向移动。由于齿轮 2 与齿条 4 的啮合关系,从而使圆盘 1 相对齿条刀具 6 的运动和被加工齿轮与齿条刀具的运动完全一样。根据横动拖板两侧的刻度 5,可调节齿条刀具中线与被加工齿轮的分度圆的相对位置。齿条刀具中线与被加工齿轮的分度圆相切,加工出来的是标准齿轮;反之加工的是变位齿轮。

实验模拟加工齿轮的三套参数分别是:

1) 齿数 $z=10$,模数 $m=15$,压力角 $\alpha=20°$,齿顶高系数 $h_a^*=1$,顶隙系数 $c^*=0.25$。
2) 齿数 $z=8$,模数 $m=20$,压力角 $\alpha=20°$,齿顶高系数 $h_a^*=1$,顶隙系数 $c^*=0.25$。
3) 齿数 $z=10$,模数 $m=20$,压力角 $\alpha=20°$,齿顶高系数 $h_a^*=1$,顶隙系数 $c^*=0.25$。

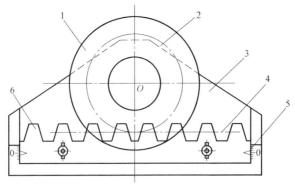

图 1-21 范成仪构造图

1—圆盘 2—齿轮 3—机架 4—齿条 5—刻度 6—齿条刀具

四、实验原理

运用一对齿轮在啮合时其共轭齿廓互为包络的原理加工齿轮的方法称为范成法。加工时其中一个轮为刀具,另一个为轮坯,由机床的传动系统保证刀具与轮坯以固定的角速比相对转动,和一对真正齿轮相互啮合传动一样,同时刀具还沿轮坯的轴向做切削运动。这样加工出来的齿轮齿廓就是刀具刀刃在各个位置的包络线。渐开线作为刀具齿廓,则其包络线必也为渐开线。但是实际加工时无法看到刀刃在各个位置形成包络线的过程,故通过齿轮范成仪来复演这一刀具与轮坯间的传动过程。实验时通过铅笔将刀具刀刃在切削时曾占据的各个位置记录在绘图纸(纸毛坯)上,这样就能清楚地观察到用范成法加工渐开线齿轮的过程。

五、实验步骤

1. 绘制标准齿轮

1)根据齿条刀具的参数和被加工齿轮的齿数($z=10$),计算出该齿轮的齿顶圆半径 r_a,分度圆半径 r,基圆半径 r_b,齿根圆半径 r_f。

$$r_a = m\left(\frac{z}{2} + h_a^*\right) \tag{1-2}$$

$$r = \frac{mz}{2} \tag{1-3}$$

$$r_b = r\cos\alpha \tag{1-4}$$

$$r_f = m\left(\frac{z}{2} - h_a^* - c^*\right) \tag{1-5}$$

2)将绘图纸(纸毛坯)装在范成仪的圆盘上,并用压环压紧,然后以轴心为圆心,将根据已知的基本参数计算出来的被加工齿轮的齿顶圆、分度圆、基圆、齿根圆尺寸画在纸毛坯上。

3)调节刀具中线使其和分度圆相切,也即使齿条刀具两端标记对准刻度5的零点,然后用齿条刀具固定螺栓拧紧。

4)将齿条刀具移到最左端(或最右端)极限位置,用铅笔描齿条刀的外廓线,凡进入纸毛坯的齿条刀部分,且经铅笔描绘后即表示被加工齿轮该部分被切掉。

5)慢慢移动齿条刀具,每移动一次描绘一遍刀具的齿形。如连续地画下去代表刀具连续的插齿过程,最终这些稠密的齿形就显示了自己的包络线,即被切齿轮的齿廓曲线,直至将齿条刀具移到最右端(或最左端)极限位置。要求在纸毛坯上描绘出2~3个完整的齿形。通过观察,将会发现齿形根切很严重。

2. 绘制正变位齿轮

1)计算不产生根切的最小移距系数 $x_{\min} = (17-z)/17$,数据取整后,第一套范成仪模拟加工变位齿轮时取 $x_{\min} = 0.5$。第二套范成仪模拟加工变位齿轮时取 $x_{\min} = 0.6$。第三套范成仪模拟加工变位齿轮时取 $x_{\min} = 0.5$。

2)根据齿条刀具的参数和被加工齿轮的齿数,计算出该齿轮的齿顶圆半径 r_a',齿根圆半径 r_f',并且画在范成仪的纸毛坯上。

$$r'_a = m\left(\frac{z}{2} + h_a^* + x_{\min}\right) \tag{1-6}$$

3）松开齿条刀具固定螺栓，将范成仪上齿条刀具 6 和齿条 4 取下，转动圆盘 180°，然后再装上齿条刀具 6 和齿条 4。

4）绘制变位齿轮时，将齿条刀具平行退后（远离盘轮中心）一段距离（x 变位移距），重新拧紧齿条刀具。此后，按照绘制标准齿轮的方式绘制变位齿轮。

六、实验要求

1）在绘图纸（纸毛坯）上按机械制图的标准要求标出齿顶圆、分度圆、基圆、齿根圆的尺寸。

2）在绘图纸（纸毛坯）的空白处写上被加工齿轮的主要参数 z、m、α、h_a^*、c^* 及 $x_{\min}$。

3）在绘图纸（纸毛坯）的空白处填写班级、姓名、实验日期。

1.5 齿轮参数测定实验

一、实验目的

1）掌握测量公法线长度的方法，使用游标卡尺测定渐开线直齿圆柱齿轮基本参数。
2）巩固并熟悉齿轮各部分尺寸与主要参数（m）之间的关系。

二、设备和工具

1）测绘用直齿圆柱齿轮两个（标准和变位直齿圆柱齿轮各一个）。
2）0～150mm 游标卡尺（精度 0.02mm）。

三、实验原理和方法

1. 标准直齿圆柱齿轮的测量

标准直齿圆柱齿轮的基本参数是：齿数 z、模数 m、分度圆压力角 α、齿顶高系数 h_a^*、齿顶间隙系数 c^*。在基本参数确定以后，齿轮上其他参数便可求出。本实验对齿轮的基本参数进行测量时，齿数 z 可以直接数出。模数 m 利用齿轮公法线概念来确定，也即用游标卡尺跨 K 个齿（跨齿数 $K=0.111z+0.5$），并圆整为整数，测得齿廓间的公法线长度 W_K，然后再跨过 $K+1$ 个齿，测得公法线长度 W_{K+1}。分度圆压力角有两种：$\alpha=20°$ 和 $\alpha=15°$，可将这两个值代入求解模数 m 的公式中试算确定。为了保证卡尺测得的公法线与齿廓在分度圆附近相切，K 值可根据被测齿轮的齿数 z 参照表 1-5 来确定。公法线长度测量示意图如图 1-22 所示。

表 1-5 K 值参照表

z	12～18	19～27	28～36	37～45	46～54	55～63	64～72	73～81
K	2	3	4	5	6	7	8	9

由渐开线的性质可知，齿廓间的公法线 ab 与所对应的圆弧 a_0b_0 长度相等。

$$W_K = (K-1)P_b + S_b \tag{1-7}$$

因此
$$W_{K+1} = KP_b + S_b \tag{1-8}$$

所以
$$P_b = W_{K+1} - W_K \tag{1-9}$$

根据求得的基圆周节 P_b 可按下式算出模数：

$$m = \frac{P_b}{\pi\cos\alpha} \tag{1-10}$$

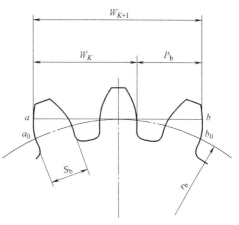

图 1-22 公法线长度测量示意图

由于式（1-10）中 α 可能是 15°也可能是 20°，故分别代入式中，可得出两个 m 值，选其中数值最接近标准模数的值作为所测齿轮的模数 m，由此对应的 α 值也随之被确定。在齿数为偶数时，可直接用卡尺测量齿顶圆直径 d_0、齿根圆直径 d_f。齿数若为奇数时，应该使用多段测量法累加求得。先测量齿顶及齿根到孔壁的距离，再测量孔的直径，最后计算齿顶圆直径 d_0、齿根圆直径 d_f。

齿顶高系数：

$$h_a^* = \frac{h_a}{m} \tag{1-11}$$

式（1-11）中齿顶高：

$$h_a = \frac{d_a - d}{2} \tag{1-12}$$

齿顶间隙系数：

$$c^* = \frac{h_f}{m} - h_a^* \tag{1-13}$$

式（1-13）中齿根高：

$$h_f = \frac{d - d_f}{2} \tag{1-14}$$

2. 变位齿轮的测量

对于直齿圆柱变位齿轮来讲，测量齿顶圆直径 d_a、齿根圆直径 d_f、齿廓间的公法线长度 W_K 和 W_{K+1} 值，与测量标准直齿圆柱齿轮的方法相同。同理，也用与测量标准直齿圆柱齿轮同样的方法选取模数 m、压力角 α 和其他参数。所不同的是需通过公法长度法得到基圆齿厚 S_b，进而确定变位系数 X。

由式（1-8）得

$$S_b = W_{K+1} - KP_b \tag{1-15}$$

将式（1-9）代入式（1-15）得

$$S_b = KW_K - (K-1)W_{K+1} \tag{1-16}$$

则正变位基圆齿厚计算公式：

$$S_b = S\cos\alpha + mz\cos\alpha\,\text{inv}\alpha = \left(\frac{\pi}{2} + 2x\tan\alpha\right)m\cos\alpha + mz\cos\alpha\,\text{inv}\alpha \tag{1-17}$$

式（1-17）中 S 为正变位分度圆齿厚：

$$S = m\left(\frac{\pi}{2} + 2x\tan\alpha\right) \tag{1-18}$$

故可得变位系数：

$$x = \frac{\dfrac{\pi S_b}{P_b} - \dfrac{\pi}{2} - z\mathrm{inv}\alpha}{2\tan\alpha} \tag{1-19}$$

四、实验步骤

1）直接计数齿轮的齿数。
2）测量齿顶圆直径 d_a、齿根圆直径 d_f、公法线长度 W_K 和 W_{K+1}，对每一个尺寸应测量三次，取其平均值作为测量数据。
3）利用公式计算求出 P_b、m、α、h_a^*、c^*、h_a、h_f 及 S_b、x。

1.6 刚性转子的动平衡实验

一、实验目的

1）观察轴向尺寸较大的转子（$b/D \geq 0.2$），在转子运转的情况下显现的动不平衡现象。
2）学习借助于动平衡实验设备，用实验方法来确定刚性转子不平衡量的大小和方位，然后利用增加平衡质量的方法予以平衡。

二、实验设备及附件

1）DPH—I 智能动平衡实验机。
2）0~150mm 游标卡尺、0~150mm 钢直尺。
3）润滑油及注油器具。

三、实验原理

轴向尺寸较大的转子（$b/D \geq 0.2$），如内燃机曲轴、电动机转子和机床主轴等，其偏心质量往往分布在若干个不同的回转平面内。在这种情况下，即使转子的质心在回转轴线上，由于各偏心质量所产生离心惯性力不在同一回转平面内，因而将形成惯性力偶。这一力偶的作用方位是随转子的回转而变化的，故不但会在支撑中引起附加动压力，也会引起机械设备的振动。这种不平衡现象，单就转子的静止状态是显示不出来的，只有在转子运转的情况下才能显示出来。对这类转子进行平衡，要求转子在运转时其各偏心质量产生的惯性力和惯心力偶矩同时得以平衡。故转子的动平衡的条件是：各偏心质量（包括平衡质量）产生的惯性的矢量和为零，以及这些惯性力所构成的力偶矩矢量和为零，即：

$$\sum p = 0 \quad \sum M = 0$$

经过平衡计算在理论上已经平衡的转子，由于制造和装配的不精确，材质的不均匀等原因，仍会产生新的不平衡。这时已无法用计算来进行平衡，而只能借助于平衡实验的方法确定不平衡量的大小和方位。在实际操作中，刚性转子无论具有多少个偏心质量，以及分布在多少个回转平面内，都只要在选定的两平衡基面内分别各加上或除去一适当的平衡质量，即可得到完全平衡。选取平衡基面需要考虑转子的结构和安装空间，以便于安装或除去平衡质量，还要考虑力矩平衡的效果，两平衡基面间的距离应适当大一些。常选择转子的两端面作为平衡基面。转子动平衡原理图如图1-23所示。

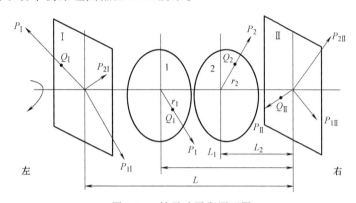

图1-23 转子动平衡原理图

四、DPH-I型智能动平衡机简介

动平衡实验台结构示意图如图1-24所示。

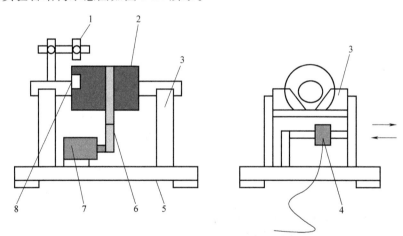

图1-24 动平衡实验台结构示意图
1—光电传感器 2—被测转子 3—硬支撑摆架组件 4—压力传感器
5—减振底座 6—传动带 7—电动机 8—零位标志

（一）主要特点

DPH-I型动平衡机是一种基于虚拟测试技术的智能化动平衡系统，利用高精度的压电晶体传感器进行测量，采用计算机虚拟技术、数字信号技术和小信号提取方法，实施智能化检测。通过人机对话的方式，完成动平衡检测实验。由计算机、数据采集器、高灵敏有源压电传感器和光电相位传感器等组成。当被测转子在部件上被拖动旋转后，由于转子的中心惯性主轴与旋转轴线存在偏移而产生不平衡离心力，迫使支撑做强迫振动，安装在左右两个硬

支撑机架上的两个有源压电传感器感受此力而发生机电换能，产生两路包含有不平衡信息的电信号输出到数据采集装置的两个信号输入端；与此同时，安装在转子上方的光电相位传感器产生与转子旋转同频同相的参考信号，通过数据采集器输入到计算机。计算机通过采集器采集此三路信号（一条方波曲线、两条振动曲线），由虚拟仪器进行跟踪滤波、幅度调整 FFT 变换、校正面之间的分离解算、最小二乘加权等处理，最终算出左右两面的不平衡量（g）、校正角（°）以及实测转速（r/min）。

（二）应用软件

可找到刚性转子的偏心位置及偏心量的大小。

1. 系统主界面（图 1-25）

（1）转子参数输入区　在此区域输入结构相关参数，输入值均是以毫米为单位。

（2）转子结构显示区　可通过双击当前显示的转子结构图，选择实验的转子结构。

（3）原始数据显示区　用来显示当前采集的数据或调入的数据曲线，根据转子偏心的大小，在该曲线上可以看出周期性机械振动的大概情况。

（4）测试结果显示区　此区域有左右不平衡量显示、转子转速显示、不平衡方位显示。

（5）"数据分析曲线"按钮　单击按钮可进入曲线显示窗口。

（6）指示检测后的转子的状态　灰色为没有达平衡，红色为已经达到平衡状态。平衡状态的标准通过"允许不平衡质量"栏由实验者自行设定。

（7）左右两面不平衡量角度指示图　指针指示的方位为偏重位置角度。

（8）"自动采集"按钮　为连续动态采集方式，直到再次单击按钮为止。

（9）"单次采集"按钮　可手动采集数据。

（10）"系统复位"按钮　清除数据及曲线，重新进行测试。

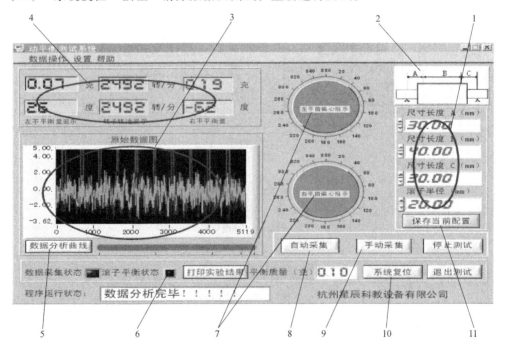

图 1-25　系统主页面显示图

（11）"保存当前配置"按钮 单击该按钮可以保存设置数据（重新开机数据不变）

2. 模式设置界面

如图 1-26 所示，图中罗列了一般转子的结构图，实验者可以通过鼠标来选择相应的转子结构进行实验。每一种结构对应了一个计算模型，实验者在选择转子结构的同时也选择了该结构的计算方法。

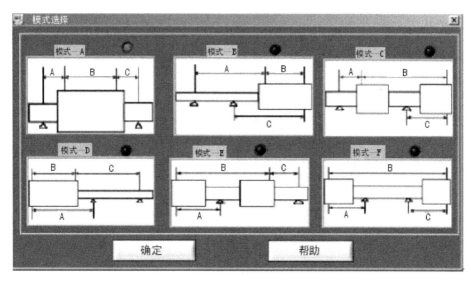

图 1-26 模式设置界面图

3. 采集器标定窗口

采集标定窗口界面如图 1-27 所示。

图 1-27 采集标定窗口界面图

进行标定的前提是有一个已经平衡了的转子。在已经平衡了的转子上 A、B 两面加上偏心质量，所加的质量"不平衡量"及"方位角"可从"仪器标定按钮窗口"输入。启动装置后，通过单击"开始标定采集"按钮开始标定。"测量次数"自行设定，次数越多标定的时间越长，一般 5~10 次。"测试原始数据"栏只能观察数据，只要有数据显示即正常，反之为不正常。"详细曲线显示"可观察标定过程中数据的动态变化过程，以判断标定数据准确性。

在数据采集完成后，计算机采集计算的结果位于第二行的显示区域。可以将手工添加的实际不平衡量和实际的不平衡位置填入第三行的输入文本框中，输入完成单击"保存标定结果"按钮,单击"退出标定",完成该次标定。

4. 采集数据分析窗口

采集数据分析窗口界面如图 1-28 所示。

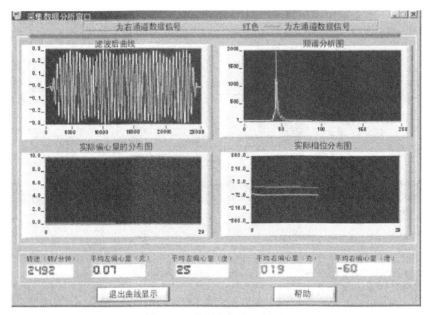

图 1-28 数据分析窗口界面

按"数据分析曲线"按钮,显示"数据分析窗口"。

(1) 滤波器窗口 显示加滤波后的曲线,横坐标为离散点,纵坐标为幅值。

(2) 频谱分析图 显示 FFT 变换左右支撑振动信号的幅值谱,横坐标为频率,纵坐标为幅值。

(3) 实际偏心量分布图 自动检测时,动态显示每次测试的偏心量的变化情况。横坐标为测量点数,纵坐标为幅值。

(4) 实际相位分布图 自动检测时,动态显示每次测试的偏相位角的变化情况。横坐标为测量点数,纵坐标为偏心角度。

(5) 最下端指示栏 显示每次测量的转速、偏心量、偏心角的数值。

五、实验步骤

通过"平衡模式选择""系统标定""数据采集"等过程完成动平衡实验操作。

1) 双击计算机桌面上的"测试程序",打开 DPH-1 智能动平衡实验机电源开关,起动电动机,使受测转子旋转起来。

2) 在"曲线显示"窗口右边通道选项中选择"第 0 通道",单击"开始测试",这时应看到绿、白、蓝三路信号曲线。如没有信号应检查传感器的位置是否放好。三路信号曲线正常后退出"测试程序"。关闭电动机,使受测转子停转。

3) 单击计算机桌面上的"动平衡实验系统界面"进入实验状态。

4) 平衡件模式选择。单击"动平衡实验系统",出现"动平衡实验系统"的虚拟仪器操作面板。单击左上"设置"菜单功能键的"模式设置"按钮,屏幕上出现六种模型。根据动平衡元件的形状,选择其模型格式。选中的模型右上角的指示灯变红,单击"确定",回到虚拟仪器操作面板。在面板右上角会显示所选定的模型形态。用150mm钢直尺和0~150mm游标卡尺测量转子的三段尺寸及转子半径尺寸,并输入"动平衡测试系统"界面中。单击"保存当前配置"按钮,仪器就能记录、保存这批数据,作为平衡件相应平衡公式的基本数据。只要不重新输入新的数据,此格式及相关数据不管计算机是否关机或运行其他程序,始终保持不变。

5)系统标定。单击"设置"框的"系统标定"功能键,屏幕上出现"仪器标定"窗口。将两块2g重的磁铁分别放置在标准转子左右两侧的零度位置上,在标定数据输入界面内,将相应的数值分别输入"左不平衡量""左方位""右不平衡量"及"右方位"的文本框内(按以上操作,左、右不平衡量均为2g,左、右方位均是零度)。起动动平衡实验机,待转子转速平稳运转后,单击"开始标定采集",下方的红色进度条会有相应变化,上方显示框显示当前转速及正在标定的次数,标定值是多次测试的平均值。

平均次数可以在"测量次数"文本框内输入,一般默认的次数为10次。标定结束后应单击"保存标定结果"按钮,完成标定过程后,单击"退出标定"按钮,即可进入转子的动平衡实际检测。标定测试时,在仪器标定窗口"测试原始数据"区域内显示的四组数据,是左右两个支撑输出的原始数据。如在转子左右两侧,同一角度,加入同样质量的不平衡块,而显示的两组数据相差甚远,应适当调整两面支撑传感器的顶紧螺钉,可减少测试的误差。

6)单击"开始标定采集"按钮进行标定。若单击"详细曲线"按钮,可曲线显示动态过程,测试十次后自动停止测试。单击"保存标定结果"按钮,自动转入"动平衡测试系统"界面。需要注意的是:要进行加重平衡时,在停止转子运转前,必须先单击"停止测试"按钮,使软件系统停止运行,否则会出现异常。

7)单击"动平衡测试系统"界面中的"自动采集"按钮,采集3~5次数据,观察不平衡值和角度。一般在数据比较稳定后,单击"停止测试"按钮,关闭电动机。

8)据实测情况和动力平衡原理,在对应的角度增加磁铁质量。

9)再次单击"动平衡测试系统"界面中的"自动采集"按钮。采集3~5次数据,观察不平衡值和角度。

① 若设定左、右均应达到不平衡量≤0.3g,当达到平衡要求时"滚子平衡状态"窗口会出现红色标志,说明左、右均达到不平衡量≤0.3g。单击"停止测试",即完成动平衡实验。

② 若测定数据未达到不平衡量≤0.3g时,则按所提示的值将磁铁放置在相应的位置上。继续单击"自动采集",直到"滚子平衡状态"窗口出现红色标志,单击"停止测试",即完成动平衡实验。实验台磁铁规格见表1-6。

表1-6 智能动平衡测试实验台磁铁(每一规格数量均为四个)

规格/mm	10×5×3	$\phi 8 \times 3$	$\phi 6 \times 2$	$\phi 5 \times 1.5$	$\phi 4 \times 2$	$\phi 3 \times 2$	$\phi 2 \times 1$
质量/g	1.2	1	0.42	0.2	0.19	0.15	0.05

注意:在单击"停止采集"后,应及时关闭电动机。适时地在旋转摩擦部位加些机油,避免干摩擦。如果转速在1000r/min以下,说明电动机传动带被拉长了,造成了转速过低,

需更换新传动带。

六、平衡过程调节示例

本实验装置在做动平衡实验时，为了方便起见一般是用永久磁铁配重，做加重平衡实验。根据左、右不平衡量显示值（显示值为去重值），加重时根据左、右相位角显示位置，在对应其相位180°的位置，添置相应数量的永久磁铁，使不平衡的转子达到动态平衡的目的。在自动检测状态时，先在主面板单击"停止测试"按钮，待自动检测进度条停止后，关停动平衡实验台转子，根据实验转子所标刻度，按左、右不平衡量显示值，添加平衡块，其质量可等于或略小于面板显示的不平衡量。然后，起动实验装置，待转速稳定后，再单击"自动测试"，进行第二次动平衡检测，如此反复多次，系统提供的转子一般可以将左、右不平衡量控制在0.1g以内。在主界面中的"允许偏心量"文本框中输入实验要求的偏心量（一般要求>0.05g）。当"转子平衡状态"指示灯由灰色变红色时，说明转子已经达到了所要求的平衡状态。

由于动平衡数学模型计算理论的抽象理想化和实际动平衡器件及其所加平衡块的参数多样化的区别，因此动平衡实验的过程是个逐步逼近的过程。

单击"自动采集"按钮，采集3~5次数据，比较稳定后单击"停止测试"按钮，以左、右放1.2g磁铁为例，左边放在0°，右边放在270°。这时数据显示见表1-7。

表1-7 数据显示（一）

左		右
1.32g	1120r/min	1.22g
0°	1120r/min	280°

此时需在左边0°对面180°处放1.2g磁铁，在右边280°对面（280°+180°-360°=100°）100°处放1.2g磁铁，单击"自动采集"。开始采集3~5次后单击"停止测试"。这时数据见表1-8。

表1-8 数据显示（二）

左		右
0.45g	1105r/min	0.12g
283°	1105r/min	265°

若设定左、右不平衡量≤0.3g时即为达到平衡要求，这时左边还没平衡右边已平衡。在左边283°对面103°处放0.4g磁铁，单击"自动采集"，采集3~5次后数据见表1-9。

表1-9 数据显示（三）

左		右
0.16g	1168r/min	0.13g
-17°	1168r/min	-94°

此时两边都≤0.3g，"滚子平衡状态"窗口出现红色标志，单击"停止测试"。

打开"打印实验结果"窗口，出现"动平衡实验报表"，可以看到整个实验结果，结束实验。

七、常见故障及解决方法

1. 程序运行时，出现"设备找不到"

检查 USB 接口是否正常，是否安装 USB 驱动软件。如未安装 USB 驱动软件，可利用厂商提供的光盘软件，进行安装（某些计算机有多个 USB 接口，一个接口不行，可另接一个插口实验）。

2. 测试过程中出现"转速异常"

1）观察平衡转子转速是否正常，应在转子两端支撑处加上润滑油。

2）若传动带松了应调紧传动带。

3）检查转子表面及贴在上面的黑胶带表面是否清洁，二者应保持明显反差。

3. 测试过程中由于操作失误出现系统死机

原因多数是 USB 通信信号堵塞，插拔 USB 接口，可恢复系统正常运行。

4. 测试曲线不显示

（1）检查传感器安装位置　在转子运行过程中，应运行安装程序中提供的"测试程序"。从曲线窗口中可以看到三条曲线（一条方波曲线、两条振动曲线），如果没有方波曲线（或曲线不是周期方波），则调整相位信号光电传感器使出现周期方波信号。如果没有振动信号（或振动信号为一直线没有变化），则调整左右支架上的测振压电传感器锁紧螺母，使产生振动信号，三条曲线缺一不可。

（2）相位信号光电传感器调整

1）相位信号光电传感器应垂直照射于零位信号黑条上，距离约 80mm，调整传感器边上的电位器旋钮，使黑条在进出光点位置时，其指示发光二极管应明暗闪烁。

2）起动动平衡实验机，根据显示曲线，适当调整光电传感器的上下位置和灵敏度电位器，使每个红色转速方波脉冲信号的脉宽尽可能相等。

（3）测振压电传感器调整　如果没有振动信号（或振动信号为一直线没有变化），则适当调整左右支架上的测振压电传感器锁紧螺母，直至产生两路幅值和频率基本一致的振动信号。

第2章

机械设计实验

2.1 机械设计认知实验

一、实验目的

本实验是为了加强对机械设计中连接、传动、轴系及其他零件的基本类型、结构形式和设计知识的感性认识，配合"机械设计"等课程的讲授，设置了18个展柜，较全面地介绍了机械设计的一些基本知识。通过此认知实验，对机械设计方面的知识有概略的了解，提高机械设计能力。

二、各实验柜内容简介

第一柜 螺纹连接的基本知识

1. 螺纹类型

螺纹连接和螺旋传动都是利用螺纹零件工作的。常见的螺纹有八种，其中用于紧固的螺纹有五种，用于传动的螺纹有三种。

（1）用于紧固的螺纹

1）粗牙普通螺纹。

2）细牙普通螺纹。

3）圆柱螺纹。

4）圆锥螺纹。

5）管螺纹。

（2）用于传动的螺纹

1）矩形螺纹。

2）梯形螺纹。

3）锯齿形螺纹。

2. 螺纹连接的类型

（1）螺纹连接有四种基本类型

1）螺栓连接。

2）双头螺柱连接。

3）螺钉连接。

4）紧定螺钉连接。

在螺栓连接中，又有普通螺栓连接与铰制孔用螺栓连接之分，普通螺栓连接的结构特点是被连接件上通孔和螺栓杆间留有间隙，而铰制孔用螺栓连接的孔和螺栓杆间采用过渡配合。

（2）螺纹连接的几种特殊结构类型

1）吊环螺钉连接。

2）T形槽螺栓连接。

3）地脚螺栓连接。

3．连接件

螺纹连接离不开连接件。螺纹连接件种类很多，常见的有螺栓、双头螺柱、螺钉、螺母、垫圈。它们的结构形式和尺寸已标准化，设计时可根据有关标准选用。

第二柜　螺纹连接的应用与设计

紧固用的螺纹连接要保证连接强度和紧密性；传递运动和动力的螺旋传动，则要保证螺旋副的传动精度、效率和磨损寿命等。

1．预紧力

绝大多数螺纹连接在装配时都必须预先拧紧，以增强连接的可靠性和紧密性。对于重要的连接，如缸盖螺栓连接，既需要足够的预紧力，但又不希望出现因预紧力过大而使螺栓过载拉断的情况。因此，在装配时要设法控制预紧力。控制预紧力的方法和工具很多，本柜陈列的测力矩扳手和定力矩扳手就是常用的工具。测力矩扳手的工作原理是利用弹性变形来指示拧紧力矩的大小，定力矩扳手则利用了过载时卡盘与柱销打滑的原理，调整定力矩扳手弹簧的压紧力可以控制拧紧力矩的大小。

2．防松措施

为了防止连接松脱以保证连接可靠，设计螺纹连接时必须采取有效的防松措施。

（1）摩擦防松。

1）对顶螺母。

2）弹簧垫圈。

3）自锁螺母。

（2）机械防松

1）开口销与六角开槽螺母。

2）止动垫圈。

3）串联钢丝。

（3）特殊防松方法

1）端铆。

2）冲点。

3．提高螺栓连接强度

为了提高螺栓连接的强度，可以采取很多措施，本柜中陈列的腰状杆螺栓、空心螺栓、螺母下装弹性元件以及在气缸螺栓连接中采用较大的硬垫片或密封环密封，都能降低影响螺栓疲劳强度的应力幅。采用悬置螺母、环槽螺母、内斜螺母等均载螺母，能改善螺纹牙上载荷分布不均现象。采用球面垫圈，腰环螺栓连接，在支撑面加工出凸台或沉孔座，倾斜支撑面、加斜面垫圈等，都能减少附加弯曲应力。此外，采用合理的制造工艺方法，也有利于提高螺栓强度。

第三柜　键、花键和无键连接

1. 键的作用

键是一种标准零件，通常用于实现轴与轮毂之间的周向固定，并传递转矩。

2. 键连接的主要类型

1）普通平键连接。

2）导向平键连接。

3）花键连接。

4）半圆键连接。

5）楔键连接。

6）切向键连接。

3. 花键连接

花键由外花键和内花键组成。花键连接按其齿形不同，分为矩形花键、渐开线花键、三角形花键，它们都已标准化。花键连接虽然可以看作是平键在数目上的发展，但由于其结构与制造工艺不同，所以在强度、工艺和使用上表现出新的特点。

4. 无键连接

凡是轴与毂的连接不用键或花键时，统称无键连接。本柜陈列的型面连接模型，就属于无键连接的一种。无键连接因减少了应力集中，所以能传递较大的转矩，但加工比较复杂。

5. 销

销主要用来固定零件之间的相对位置，也可用于轴与毂的连接或其他零件的连接，并可传递不大的载荷。销还可作为安全装置中的过载剪断元件，称为安全销。销可分为圆柱销、圆锥销、槽销、开口销等。

第四柜　铆焊、胶接和过盈配合

1. 铆接

铆接是一种早就使用的简单的机械连接，主要由铆钉和被连接件组成。铆接具有工艺设备简单、抗振、耐冲击和牢固可靠等优点，但结构一般较为笨重。铆件上的孔会削弱强度，铆接时一般噪声很大。因此，目前除在桥梁、建筑、造船等工业部门仍常采用外，应用逐渐减少，并为焊接、胶接所代替。本柜陈列有三种典型的铆缝结构形式：搭接、单盖板对接、双盖板对接。

2. 焊接

焊接的方法很多，常见的有电焊、气焊、电渣焊，其中尤以电焊应用最广。电焊焊接时形成的接缝称为焊缝。按焊缝特点，焊接有正接填角焊、搭接填角焊、对接焊、塞焊等基本形式。

3. 胶接

胶接是利用胶粘剂在一定的条件下把预制元件连接在一起，并具有一定的连接强度。采用胶接时，要正确选择胶粘剂和设计胶接接头的结构形式。本柜陈列的是板件接头，包括圆柱形接头、锥形及盲孔接头、角接头等典型结构。

4. 过盈配合

过盈配合连接是利用零件间的配合过盈来达到连接目的的。本柜陈列的是常见的圆柱面过盈配合连接的应用示例。

第五柜　带传动

1. 带传动的功能

在机械传动系统中，经常采用带传动来传递运动和动力，带传动由主、从动带轮及套在两轮上的传动带所组成。当电动机驱动主动轮转动时，由于带和带轮间摩擦力的作用，便拖动从动轮一起转动，并传递一定的动力。

2. 传动带的类型

传动带有多种类型，本柜陈列有平带、标准普通V带、接头V带、多楔带、同步带，其中以标准普通V带应用最广。这种传动带制成无接头的环形，按横剖面尺寸分为Y、Z、A、B、C、D、E七种型号。

3. V带轮结构形式

本柜陈列的V带轮结构形式有实心式、腹板式、孔板式、轮辐式。选择什么样的带轮结构形式，主要取决于带轮的直径。带轮尺寸由带轮型号确定。

4. 防止V带松弛，保证带的传动能力的措施

为了防止V带松弛，保证带的传动能力，设计时必须考虑张紧问题。常见的张紧装置有：滑道式定期张紧装置、摆架式定期张紧装置，利用电动机自重的自动张紧装置、张紧轮装置。

第六柜　链传动

1. 链传动的特点和组成

链传动属于带有中间挠性件的啮合传动，它由主、从动链轮和链条组成。

2. 链传动类型

按用途不同，链可分为传动链和起重运输链，常用的是传动链。本柜陈列有常见的单排滚子链、双排滚子链、齿形链、起重链。

3. 链轮的类型

链轮是链传动的主要零件。本柜陈列有整体式、孔板式、齿圈焊接式、齿圈用螺栓连接式等不同的链轮。滚子链链轮的齿形已经标准化，可用标准刀具加工。

4. 链传动的布置和张紧

链传动的布置是否合适，对传动的工作能力及使用寿命都有较大影响。水平布置时，紧边在上在下都可以，但在上好些；垂直布置时，为保证有效啮合，应考虑中心距可调，设张紧轮，使上、下轮偏置等措施。

链传动张紧的主要目的是，避免在链条垂度过大时产生啮合不良和链条的振动现象。本柜展示有张紧轮定期张紧、张紧轮自动张紧、压板定期张紧等方法。

第七柜　齿轮传动

1. 常见的齿轮传动形式

齿轮传动是机械传动中最主要的一类传动，形式很多，应用广泛。本柜展示的是最常用几种形式：直齿圆柱齿轮传动、斜齿圆柱齿轮传动、人字齿轮传动、齿轮齿条传动、直齿锥齿轮传动、曲齿齿轮传动。

2. 齿轮失效形式及设计准则

了解齿轮失效形式是设计计算齿轮传动的基础。本柜陈列展示了齿轮常见的五种失效形式：

1）轮齿折断。
2）齿面磨损。
3）点蚀。
4）胶合。
5）塑性变形。

针对失效形式，可以建立相应的设计准则。目前设计一般使用条件的齿轮传动时，通常是按保证齿根弯曲疲劳强度和保证齿面接触疲劳强度两准则进行计算。

3. 轮齿的受力分析

为了进行强度计算，必须对轮齿进行受力分析，本柜陈列的直齿轮、斜齿轮和锥齿轮轮齿受力分析模型，可以形象地显示作用在齿面的法向力分解成圆周力、径向力、轴向力的情况。至于各分力的大小，由相应的计算公式确定。

4. 齿轮的结构形式

常用的齿轮结构形式有：齿轮轴、实心式、腹板式、带加强筋的腹板式、轮辐式。设计时主要根据齿轮的尺寸确定。

第八柜　蜗杆传动

1. 蜗杆传动的特点

蜗杆传动是用来传递空间互相垂直而不相交的两轴间的运动和动力的传动机构。由于它具有传动比大而结构紧凑等优点，所以应用广泛。

2. 常见的蜗杆传动类型

本柜展示的常见的蜗杆传动类型有：普通圆柱蜗杆传动、圆弧齿圆柱蜗杆传动、圆弧面蜗杆传动、锥蜗杆传动。其中应用最多的是普通圆柱蜗杆传动，即阿基米德蜗杆传动。在通过蜗杆轴线并垂直于蜗轮轴线的中间平面上，蜗杆与蜗轮的啮合关系可以看做是齿条和齿轮的啮合关系。

3. 蜗杆的结构形式

由于蜗杆螺旋部分的直径不大，所以常和轴做成一个整体。本陈列柜展示有两种结构形式：一种是无退刀槽，加工螺旋部分时只能用铣制的办法；另一种则有退刀槽，螺旋部分可以车制也可以铣制。但这种结构的刚度较前一种差。当蜗杆螺旋部分的直径较大时，也可以将蜗杆与轴分开制做。

4. 蜗轮的结构形式

常用的蜗轮结构形式有：齿圈式、螺栓连接式、整体浇铸式、拼铸式等典型结构，设计时可根据蜗杆尺寸选择。在设计蜗杆传动时，同样要进行受力分析，按对应的公式计算出圆周力、径向力、轴向力。

第九柜　滑动轴承

滑动摩擦轴承简称滑动轴承，用来支撑转动零件。

1. 按所能承受的载荷方向不同有向心滑动轴承和推力滑动轴承之分

（1）向心滑动轴承（用来承受径向载荷）

1) 对开式向心滑动轴承。它由对开式轴承座，轴瓦及连接螺栓组成。
2) 整体式向心滑动轴承。
3) 带锥形表面轴套轴承。
4) 多油楔轴承。
5) 扇形块可倾轴瓦轴承。

（2）推力滑动轴承（用来承受轴向载荷） 由轴承座与推力轴颈组成。常见的结构形式有：
1) 实心式。
2) 单环式。
3) 空心式。
4) 多环式。

2. 轴瓦

在滑动轴承中，轴瓦是直接与轴颈接触的零件，是轴承的重要组成部分。常用的轴瓦可分为整体式和剖分式两种结构。为了把润滑油导入整个摩擦表面，轴瓦或轴颈上须开设油孔或油槽。油槽的形式一般有纵向槽、环形槽、螺旋槽等。

根据滑动轴承的两个相对运动表面间油膜形成原理的不同，滑动轴承有动压轴承和静压轴承之分。

从本柜展示的向心动压滑动轴承的工作状况可以看出，当轴颈转速达到一定值后，才有可能形成完全液体摩擦状态。静压轴承是依靠外界供给的压力油而形成承载油膜，使轴颈和轴承相对转动时处于完全液体摩擦状态的，本柜的模型展示了这种滑动轴承的基本原理。

第十柜 滚动轴承类型

1. 滚动轴承的结构

滚动轴承由内圈、外圈、滚动体、保持架四部分组成。滚动体是形成滚动摩擦的基本元件，它可以制成球状或不同的滚子形状，相应地有球轴承和滚子轴承。

2. 滚动轴承分类

根据承受的外载荷不同，滚动轴承分为三大类型：
1) 推力轴承。
2) 向心轴承。
3) 向心推力轴承。

在各个大类中，又可做成不同结构、尺寸、精度等级，以便适应不同的技术要求。

3. 常用的10类滚动轴承
1) 深沟球轴承。
2) 调心球轴承。
3) 圆柱滚子轴承。
4) 调心滚子轴承。
5) 滚针轴承。
6) 螺旋滚子轴承。
7) 角接触球轴承。
8) 圆锥滚子轴承。

9）推力球轴承。

10）推力调心滚子轴承。

4. 合理选用滚动轴承

国家标准 GB/T 272—2017 规定了轴承代号的表示方法，应熟悉基本代号含义，据此识别常用轴承的主要特征，合理地选用滚动轴承。滚动轴承工作时，轴承元件上的载荷和应力是变化的，连续运转的轴承有可能发生疲劳点蚀，因此需要按疲劳寿命选择滚动轴承的尺寸。

第十一柜　滚动轴承装置设计

要保证轴承顺利工作，必须解决轴承的安装、紧固、调整、润滑、密封等问题，即进行轴承装置的结构设计或轴承组合设计。

1. 常用的 10 种轴承部件结构模型

(1) 第 1 种　直齿轮轴承部件。它采用深沟球轴承，两轴承内圈一侧用轴肩定位，外圈靠轴承盖轴向紧固，属两端固定的支撑结构。右端轴承外圈与轴承盖有间隙。采用 U 形橡胶油封密封。

(2) 第 2 种　直齿轮轴承部件，这也是两端固定的支撑结构。它采用深沟球轴承和嵌入式轴承盖，轴向间隙靠右端轴承外圈与轴承盖间的调整环保证，采用密封槽密封。

(3) 第 3 种　斜齿轮轴承部件。采用角接触轴承，两轴承内侧加挡油盘进行内封。靠轴承盖与箱体间的调整垫片来保证轴承有合适的轴向间隙，采用 U 形橡胶油封密封。也属两端固定的支撑结构。

(4) 第 4 种、第 5 种　都是斜齿轮轴承部件，请自行分析它们的结构特点。

(5) 第 6 种　人字齿轮轴承部件。采用外圈无挡边圆柱滚子轴承，靠轴承内、外圈双向轴向固定。工作时轴可以自由地做双向轴向移动，以实现自动调节。这是一种两端游动的支撑结构。

(6) 第 7 种和第 8 种　为小圆锥齿轮轴承部件，都采用圆锥滚子轴承。一种正装，一种反装。轴套内外两组垫片可分别用来调整轮齿的啮合位置及轴承的间隙，采用毡圈密封。正装方案安装调整方便，反装方案可使支撑刚度稍大，但结构复杂，安装调整不便。

(7) 第 9 种和第 10 种　为蜗杆轴承部件。第 9 种采用圆锥滚子轴承，两端固定方式布置。第 10 种则为一端固定，一端游动的方式，固定端采用一对角接触轴承，游动端采用一个深沟球轴承。这种结构可用于转速较高、轴承较大的场合。

2. 滚动轴承装置设计中需要注意的两个问题

1）轴承内、外圈的轴向紧固的常用方法。

2）为了提高轴承旋转精度和增加轴承装置刚性，轴承应以预紧，即在安装时用某种方法在轴承中产生并保持一轴向力，以消除轴承侧向游隙。

第十二柜　联轴器

1. 联轴器的功能

联轴器是用来连接两轴以传递运动和转矩的部件。

2. 联轴器的基本类型特点

本柜陈列有固定式刚性联轴器、可移式刚性联轴器、弹性联轴器等基本类型。

(1) 固定式刚性联轴器

1）凸缘联轴器。
2）套筒式联轴器。
由于它们无可移性，无弹性元件，对所连接两轴间的偏移缺乏补偿能力，所以只适合转速低、无冲击、轴的刚度大和对中性较好的场合。

（2）可移式刚性联轴器
1）十字滑块联轴器。
2）滑块联轴器。
3）十字轴式万向联轴器。
4）齿式联轴器。
这类联轴器因具有可移性，故可补偿两轴间的偏移。但因无弹性元件，不能缓冲减振。

（3）弹性联轴器
1）弹性套柱销联轴器。
2）柱销联轴器。
3）轮胎联轴器。
4）星形弹性联轴器。
5）梅花形弹性联轴器。
这类联轴器的共同特点是装有弹性元件，不仅可以补偿两轴间的偏移，而且有缓冲减振的能力。

上述各联轴器已标准化或规格化，设计时只需要参考手册，根据机器的工作特点及要求，结合联轴器的性能选定合适的类型。

第十三柜 离合器

1. 离合器的功能

离合器也是用来连接两轴以传递运动和转矩的，但它能在机器运转中将传动系统随时分离或接合。

2. 离合器的类型和特点

本柜陈列有牙嵌离合器、摩擦离合器、特殊结构与功能的离合器。

（1）牙嵌离合器 本柜展示的有应用较广的牙嵌离合器、内啮合式离合器。离合器由两个半离合器组成，其中一个固定在主动轴上，另一个用导键或花键与从动轴连接，并可用操纵机构使其做轴向移动，以实现离合器的分离与接合。这类离合器一般用于低速接合处。

（2）摩擦离合器 本柜展示有单盘摩擦离合器、多盘摩擦离合器、锥形摩擦离合器。与牙嵌离合器相比，摩擦离合器不论在任何速度时都可离合，接合过程平稳，冲击振动较小，过载时可以打滑，但其外廓尺寸较大。

（3）特殊结构与功能的离合器 本柜展示的有只能传递单向转矩的滚柱式定向离合器，过载自行分离的滚珠离合器，以及可控制速度的离心离合器。

第十四柜 轴

轴是组成机器的主要零件之一，一切回转运动的传动零件，都必须安装在轴上才能进行运动及动力传递。

1. 轴的分类

本柜中展示的有光轴、阶梯轴、空心轴等直轴，曲轴，专用的钢丝软轴。直轴按承受载荷性质的不同可分为：

（1）心轴　心轴只承受弯矩。

（2）转轴　转轴即承受弯矩又承受转矩。

（3）传动轴　传动轴主要承受转矩。

2. 轴上零件的定位

设计轴的结构时，必须考虑轴上零件的轴向定位和周向定位。轴上零件可分别利用轴肩、套筒、圆螺母、紧定螺钉、弹簧挡圈、螺钉锁紧挡圈、圆锥形轴端等进行零件的轴向定位。可利用键、花键、过盈配合等方法进行周向定位。

3. 轴的结构设计要注意的几个工艺性问题

轴肩的过渡结构，有利于减少轴在剖面突变处的应力集中，改善了轴的抗疲劳强度；砂轮越程槽、螺纹退刀槽都有利于加工。

第十五柜　轴的设计

轴的设计主要有两方面的内容：一是轴的结构设计，二是轴的工作能力计算。

轴的结构设计主要定出轴的合理外形和全部结构尺寸。本柜以减速器输出轴的结构设计为例，说明轴的结构设计过程与方法。此处假设轴上齿轮、轴承及联轴器的相互位置已确定，在此基础上，轴的结构设计过程分为三步进行。

第一步，即根据轴所传递的转矩，按扭转强度初步估算出轴的直径，此轴径可作为安装联轴器处的最小直径。

第二步，即确定各段轴的直径及长度，以最小直径为基础，逐步确定安装轴承的齿轮处的轴段直径。各轴段的长度根据轴上零件宽度及相互位置确定。

第三步，即考虑轴上零件定位紧固要求，确定轴的结构形状和尺寸。由模型可见，齿轮右端设计了轴环，以用其轴肩定位齿轮。右轴承和联轴器处都设计出定位轴肩，轴上设计出键槽以对齿轮、联轴器进行周向定位。

此外，常采用套筒、轴端压板、轴承盖等轴向定位方法及毡圈密封方式。

对于不同的装配方案，可以得出不同的轴的结构形式。本柜中还陈列有另外两种轴的典型结构形式，要观察思考这两种结构特点。

注意：各定位轴肩的高度应根据结构需要确定，尤其要注意滚动轴承处定位轴肩，其高度不应超过轴承内圈，以便于轴承拆卸。为减小轴在剖面突变处的应力集中，应设计有过渡圆角。过渡圆角半径必须小于与之配合的零件的倒角尺寸或圆角半径，以使零件得到可靠的定位。为了便于安装，轴端应设计倒角。轴上的两个键槽设计在同一直线上，有利于加工。

在初步完成轴的结构设计后，便可进行轴的工作能力校核计算。计算准则是满足轴的强度或刚度要求，必要时还应校核轴的振动稳定性。校核满意，便可绘制轴的零件工作图。

第十六柜　弹簧

弹簧是一种弹性元件，它具有多次重复地随外载荷的大小产生相应的弹性变形，卸载后又能立即恢复原状的特性。很多机械正是利用弹簧的这一特性来满足特殊要求的。

弹簧种类较多，但应用最多的是圆柱螺旋弹簧。按照载荷分为拉伸弹簧、压缩弹簧、扭转弹簧三种基本类型。

除圆柱弹簧外，常见的还有：用作仪表机构的平面蜗卷弹簧，只能承受轴向载荷但刚度很大的蝶形弹簧以及常用于各种车辆减振的板簧。

第十七柜　减速器

1. 减速器的功能

减速器是原动机与工作机之间独立闭式传动装置，用来降低转速和相应地增大转矩。

2. 减速器的类型

1）单级圆柱齿轮减速器。

2）二级展开式圆柱齿轮减速器。

3）锥齿轮减速器。

4）圆锥圆柱齿轮减速器。

5）蜗杆减速器。

6）蜗杆-齿轮减速器。

3. 减速器的组成及减速器上的附件

无论哪种减速器，都是由箱体、传动件、轴系零件及附件所组成。

箱体用于承受和固定轴承部件，并提供润滑密封条件。箱体一般用铸铁铸造，它必须有足够的刚度。剖分面与齿轮轴线所在平面相重合的箱体应用最广。

由于减速器在制造、装配及应用过程中的特点，减速器上还设置了一系列的附件。例如，用来检查箱内传动件啮合情况和注入润滑油用的窥视孔及视孔盖，用来检查箱内油面高度是否符合要求的油面指示器，更换污油的油塞，平衡箱体内气压的通气器，保证剖分式箱体轴承座孔加工精度用的定位销，便于拆箱盖的起盖螺钉，便于拆装和搬运箱盖用的吊耳环，用于整台减速器的起重耳钩以及润滑用的油杯等。

第十八柜　密封与润滑

1. 润滑装置

在摩擦面间加入润滑剂进行润滑，有利于降低摩擦，减轻磨损，保护零件不遭锈蚀，而且在采用循环润滑时可起到散热降温的作用。本柜陈列的是常用的润滑装置，如手工加油润滑用的压柱油杯，旋套式油杯，手动式滴油油杯，油芯式油杯等。它们适用于使用润滑油分散润滑的机器。此外，本柜还陈列有用于脂润滑的直通式压注油杯和连续压注油杯。

2. 密封装置

机器设备密封性能的好坏，是衡量设备质量的重要指标之一。机器常用的密封装置可分为：

（1）接触式密封

1）毡圈密封。

2）皮碗密封。

3）O形橡胶圈密封。

接触式密封的特点是结构简单、价廉，但磨损较快，使用寿命较短，适合速度较低的场合。

（2）非接触式密封

1）油沟密封槽密封。

2）迷宫密封槽密封。

非接触式密封适合速度较高的地方。

密封装置中的密封件都已标准化或规格化，设计时应查阅有关标准选用。

2.2 带传动实验

一、实验目的

由于带的弹性模量较低,在带传动过程中会产生弹性滑动,导致带的瞬时传动比不是常量。另一方面,当带的工作载荷超过带与带轮间的最大摩擦力时,带与带轮间会产生打滑,带传动这时不能正常工作而失效。本实验的目的是:

1) 观察带传动的弹性滑动和打滑现象。
2) 了解带的初拉力、带速等参数的改变对带传动能力的影响,测绘出弹性滑动曲线。
3) 掌握转速、转矩、转速差及带传动效率的测量方法。

二、实验设备

1. 实验系统的组成

如图 2-1 所示,实验系统主要包括如下部分:

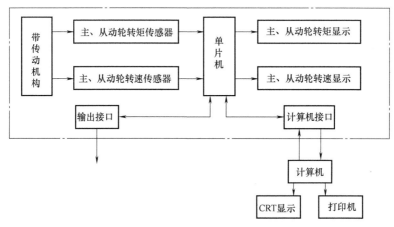

图 2-1 实验系统组成框图

1) 带传动机构。
2) 主、从动轮转矩传感器。
3) 主、从动轮转速传感器。
4) 电测箱(与带传动机构装为一体)。
5) 计算机。
6) 打印机。

使用此实验台,可以完成以下实验:

1) 利用实验装置的四路数字显示信息,在不同负载的情况下,手工抄录主动轮转速、主动轮转矩、被动轮转速、被动轮转矩,然后根据此数据计算并绘出弹性滑动曲线和传动效率曲线。

2) 利用 RS232 串行线,将实验装置与计算机直接连通。随带传动负载逐级增加,计算机能根据专用软件自动进行数据处理与分析,并输出滑动曲线、效率曲线和所有实验数据。

2. 实验台机械结构及原理

本实验台机械部分，主要由两台直流电机组成，如图 2-2 所示。其中一台作为原动机，另一台则作为负载的发电机。

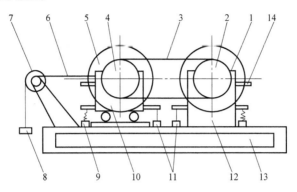

图 2-2 实验台机械结构

1—从动直流发电机 2—从动带轮 3—传动带 4—主动带轮 5—主动直流电动机 6—牵引绳
7—定滑轮 8—砝码 9—拉簧 10—浮动支座 11—拉力传感器 12—固定支座 13—电测箱 14—标定杆

对原动机，由可控硅整流装置供给电动机电枢不同的端电压，实现无级调速。

对发电机，每按一下"加载"按键，即并上一个负载电阻，使发电机负载逐步增加，电枢电流增大，随之电磁转矩也增大，即发电机的负载转矩增大，实现了负载的改变。

两台电机均为悬挂支撑，当传递载荷时，作用于电机定子上的力矩 T_1（主动电动机力矩）、T_2（从动发电机力矩）作用于拉力传感器（序号11），传感器输出的电信号正比于 T_1、T_2 的原始信号。

原动机的机座设计成浮动结构（滚动滑槽），与牵引绳、定滑轮、砝码一起组成带传动预拉力形成机构，改变砝码大小，即可准确地预定带传动的预拉力 F_0。

两台电机的转速传感器（红外光电传感器）分别安装在带轮背后的环形槽（图中未表示）中，由此可获得必需的转速信号。

3. 实验台电测系统

电测系统装在实验台电测箱内，如图 2-1 所示。附设单片机，承担数据采集、数据处理、信息记录、自动显示等功能，能实时显示带传动过程中主动轮转速，转矩和从动轮的转速、转矩值。如通过计算机接口外接计算机，就自动显示并能打印输出带传动的滑动曲线 ε-T_2，传递效率曲线 η-T_2 及相关数据。电测箱操作部分主要集中在箱体正面的面板上，面板的布置如图 2-3 所示。

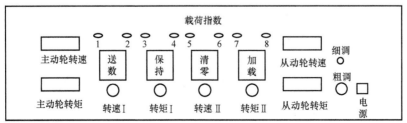

图 2-3 电测系统面板布置图

在电测箱背面备有微型计算机 RS232 接口，主、被动轮转矩放大、调零旋钮等，其布置情况如图 2-4 所示。

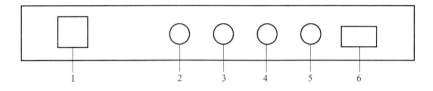

图 2-4　电测箱背面布局图

1—电源插座　2—被动力矩放大倍数调节　3—主动力矩放大倍数调节

4—被动力矩调零　5—主动力矩调零　6—RS232 接口

4. 主要技术参数

1）带轮直径：$D_1 = D_2 = 86\text{mm}$。

2）包角：$\alpha_1 = \alpha_2 = 180°$。

3）直流电机功率：50W。

4）主动电动机调速范围：$0 \sim 1800\text{r/min}$。

5）额定转矩：$T = 0.24\text{N} \cdot \text{m}$。

6）实验台尺寸：长×宽×高 = 600mm×280mm×300mm。

7）电源：AC 220V。

三、实验原理及测试方法

1. 调速和加载

主动电动机的直流电源由可控硅整流装置供给，转动电位器可改变可控硅控制角，提供给主动电动机电枢不同的端电压，以实现无级调节电动机转速。实验台中设计了粗调和细调两个电位器，可精确地调节主动电动机的转速值。

加载是通过改变发电机激磁电压实现的。逐个按动实验台操作面板上的"加载"按钮（即逐个并上发电机负载电阻），使发电机激磁电压加大，电枢电流增大，随之电磁转矩增大。由于电动机与发电机产生相反的电磁转矩，发电机的电磁转矩对电动机而言，即为负载转矩。所以改变发电机的激磁电压，也就实现了负载的改变。

图 2-5 所示是直流发电机加载示意图。

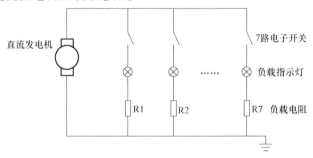

图 2-5　直流发电机加载示意图

2. 转速测量

两台电机的转速，分别由安装在实验台两电机带轮背后环形槽中的红外光电传感器测出。带轮上开有光栅槽，由光电传感器将其角位移信号转换为电脉冲输入单片计算机中计数，计算得到两电机的动态转速值，并由实验台上的 LED 显示器显示出来，也可通过计算机接口送往计算机进一步处理。如图 2-6 所示。

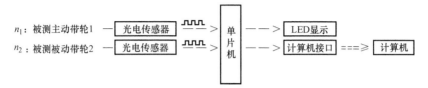

图 2-6 转速测量示意图

3. 转矩测量

如前所述（图 2-2）实验台上的两台电机均设计为悬挂支撑，当传递载荷时，传动力矩分别通过固定在电机定子外壳上的杠杆及拉钩作用于拉力传感器上而产生支反力，使定子处于平衡状态。所以得到以下结论。

主动轮上的转矩为：

$$T_1 = L_1 F_1 (\text{N} \cdot \text{m})$$

从动轮上的转矩为：

$$T_2 = L_2 F_2 (\text{N} \cdot \text{m})$$

F_1、F_2 分别为拉力传感器上所受的力，由传感器转换为正比于所受力的电压信号，再经过 A-D 转换将模拟量变换为数字量，并送往单片机中。经过计算得到 T_1、T_2，分别由实验台 LED 显示器显示测量值。

4. 带传动的圆周力、弹性滑动系数和效率

带传动的圆周力公式：

$$F = \frac{2T_1}{D_1}(\text{kg}) = \frac{2T_1 \times 9.8}{D_1}(\text{N}) \tag{2-1}$$

带传动的弹性滑动系数：

$$\varepsilon = \frac{n_1 - n_2}{n_1} \times 100\% \tag{2-2}$$

带传动的效率：

$$\eta = \frac{P_1}{P_2} = \frac{T_2 n_2}{T_1 n_1} \times 100\% \tag{2-3}$$

式中，P_1、P_2 分别为主、从动轮功率（kW）；n_1、n_2 分别为主、从动轮转速（r/min）。

随着负载的改变（F 的改变），T_1、T_2、$\Delta n = n_1 - n_2$ 的值也改变，这样可获得一组 ε 和 η 的值。事实上，带传动的滑动系数 ε 及其效率 η 均非常数，而是随传递功率的改变而变化。实验中为了寻求变化规律，通常在保持主动带轮转速 n_1 和带张紧力 F_0 不变的前提下，采用改变负载（即改变带传动传递功率）的方法，分别求得不同有效拉力 F 下带传动的效率 η 和滑动系数 ε。整理采集到的实验数据，可将其变化规律以曲线方式表示在直角坐标系中（如图 2-17）。

四、实验操作步骤

1. 设置预拉力

不同型号传动带需在不同预拉力 F_0 下进行实验,也可对同一型号传动带采用不同的预拉力,实验不同预拉力对传动性能的影响。为了改变预拉力 F_0,如图 2-2 所示,只需改变砝码 8 的大小。

2. 接通电源

在接通电源前将开关粗调电位器的电机调速旋钮逆时针转到底,使开关"断开",细调电位器旋钮逆时针旋到底,按电源开关接通电源,按一下"清零"键,此

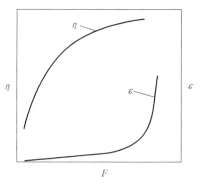

图 2-7 带传动的效率与滑动曲线

时主、被动电机转速显示为"0",力矩显示为".",实验系统处于"自动校零"状态。校零结束后,力矩显示为"0"。再将粗调电位器旋钮顺时针旋转接通"开关",并慢慢向高速方向旋转,电动机起动,逐渐增速,同时观察实验台面板上主动轮转速显示屏上的转速,其上的数字即为当时的电动机转速。当主动电动机转速达到预定转速(本实验建议预定转速为 1200~1300r/min)时,停止转速调节。此时从动发电机转速也将稳定地显示在显示屏上。

3. 加载

在空载时,记录主、被动轮转矩与转速。按"加载"键一次,第一个加载指示灯亮,调整主动电动机转速(此时,只需使用细调电位器进行转速调节),使其仍保持在预定工作转速内,待显示基本稳定时(一般 LED 显示器跳动 2~3 次即可达到稳定值),记下主、被动轮的转矩及转速值。

再按"加载"键一次,第二个加载指示灯亮,再调整主动电动机转速(用细调电位器),仍保持预定转速,待显示稳定后再次记下主、被动轮的转矩及转速。

第三次按"加载"键,第三个加载指示灯亮,同前次操作一样,记录下主、被动轮的转矩、转速。

重复上述操作,直至七个加载指示灯亮,记录下八组数据。根据这八组数据便可绘制出带传动滑动曲线 ε-T_2 及效率曲线 η-T_2。

在记录下各组数据后应先将电机粗调电位器旋钮逆时针转至"断开"状态,然后将细调电位器逆时针转到底,再按"清零"键。显示指示灯全部熄灭,机构处于关断状态,等待下次实验或关闭电源。

为便于记录数据,在实验台的面板上还设置了"保持"键,每次加载数据基本稳定后,按"保持"键可使转矩,转速稳定在当时的显示值不变。按任意键可脱离"保持"状态。

五、与计算机连接

1. 连接 RS232 通信接口

在 DCS—Ⅱ型带传动实验台背板上设有 RS232 串行接口,可通过所附的通信线直接和计算机相连,组成带传动实验系统。如果采用多机通信转换器,则需要首先将多机通信转换器通过 RS232 串行接口连接到计算机,然后用双端插头电话线,将 DCS—Ⅱ型带传动实验台连接到多机通信转换器的任意一个输入口。

2. 启动机械教学综合实验系统

如果用户使用多机通信转换器,应根据用户计算机与多机通信转换器的串行接口通道,在程序界面的右上角"串口选择"框中选择合适的通道口"COM1"或"COM2"。根据带传动实验在多机通信转换器上所接的通道口,单击"重新配置"按钮,选择该通道口的应用程序为带传动实验。配置结束后,在主界面左边的实验项目框中,单击"带传动"按钮,此时,多机通信转换器的相应通道指示灯应该点亮,带传动实验系统应用程序将自动启动,如图2-8所示。如果多机通信转换器的相应通道指示灯不亮,应检查多机通信转换器与计算机的通信线是否连接正确,确认通信的通道是否与输入的通信口(COM1或COM2)

图 2-8 机械教学综合实验系统主界面

一致。单击图2-8所示的"带传动"按钮,将出现如图2-9所示的带传动实验系统初始界面。单击"串口选择",正确选择"COM1"或"COM2",按"数据采集"键,等待数据输入。

图 2-9 带传动实验系统初始界面

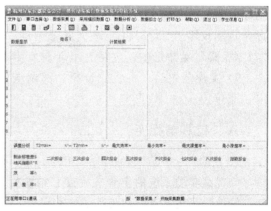

图 2-10 带传动实验台主窗口

如果用户选择的是带传动实验台与计算机直接连接,则在如图2-8所示主界面右上角"串口选择"框中选择相应串口号"COM1"或"COM2"。在主界面左边的实验项目框中单击"带传动"键。在如图2-9所示界面中,单击"串口选择",正确选择"COM1"或"COM2"。按"数据采集"键等待数据输入。

3. 数据采集及分析

1)将实验台粗调电位器逆时针转到底,使开关断开,细调电位器也逆时针旋到底。打开实验台电源,按"清零"键,几秒钟后,LED显示器显示"0",自动校零完成。

2)顺时针转动粗调电位器,开关接通并使主动轮转速稳定在工作转速(一般取1200~1300r/min),按下"加载"键,再调整主动电动机转速(用细调电位器),使其仍保持在工作转速范围内。待转速稳定（一般需 2~3 个显示周期）后，再按"加载"键。如此往复，直至实验台面板上的八个发光管指示灯全亮为止。此时，实验台面板上四组 LED 显示器将全部显示"8888"，表明所采集数据已全部送至计算机。

3）当实验台 LED 显示器全部显示"8888"时，计算机屏幕将显示所采集的全部八组主、被动轮的转速和转矩。此时应将电动机粗、细调电位器逆时针转到底，使"开关"断开。

4）如图 2-10 所示，选择"数据分析"菜单，屏幕将显示本次实验的曲线和数据。如图 2-11 所示。

5）如果在此次采集过程中采集的数据有问题，或者采不到数据，可单击"串口选择"下拉菜单，选择较高级的机型，或者选择另一端口。

6）选择"打印"菜单，打印机将打印实验曲线和数据。

7）实验过程中如需调出本次数据，只须单击"数据采集"菜单，然后，按下实验台上的"送数"键，数据即被送至计算机，可按上述 4~6 步操作进行显示和打印。

8）一次实验结束后如需继续实验，应关断粗调电位器，将细调电位器逆时针旋到底，并按下实验机构的"清零"键，进行"自动校零"。同时将计算机屏幕中的"数据采集"菜单选中，重复上述第 2~6 步即可。

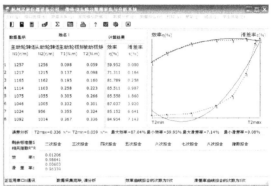

图 2-11 实验结果示例

9）实验结束后，将实验台粗、细调电位器开关关断，关闭实验台的电源，单击"退出"菜单。

六、校零与标定

1. 校零

为提高实验系统的实验准确度和稳定性，以及方便实验操作。实验台具有自动校零功能，能清除系统零点漂移带来的实验误差。操作者在平时的实验过程中，无需进行手动校零操作。若因种种原因而使系统零点产生较大偏移时，可按下述方法进行手动校正。

1）接通实验台电源。

2）松开实验台背面调零电位器的锁紧螺母，同时使用万用表接入实验台面板上的主、被动电机转矩传感器电压输出端。调整调零电位器，使得输出电压在 1V 左右。

3）调零结束后，再锁紧调零电位器的锁紧螺母即可。

2. 标定

为提高实验数据的精度及可靠性，实验台在出厂时都是经过标定的。标定方法如下：

1）接通实验台电源，使实验台进入"自动校零"状态（方法同前），然后调节调速旋钮，使电机稳定在某一低速状态（一般可取 $\eta = 300r/min$ 左右）。按"加载"键一次，第一个加载指示灯亮，实验台进入"标定"状态。

2) 记录下"标定"状态时主,被动电机转矩的显示值。选定某一质量的标准砝码,挂在实验台的标定杆上(标定时临时装上)。调节力矩放大倍数调节电位器,使得力矩显示值 T_i 符合下式:

$$T_i = mLg + T_{i_o} (\text{N} \cdot \text{m}) \tag{2-4}$$

式中,m 是砝码质量(kg);L 是砝码悬挂点到电机中心距离(m);g 是重力加速度(m/s^2);T_{i_o} 是砝码挂前的力矩显示值。

例如,$m = 0.4\text{kg}$,$L = 0.10m$,$T_{i_o} = 0.06\text{N} \cdot \text{m}$,则 $T_i = 0.452\text{N} \cdot \text{m}$。

标定结束后,应锁紧力矩放大倍数电位器的锁紧螺母。

注意:由于实验台在出厂时都做过校零与标定工作,并将调节电位器锁紧,所以使用者在一般情况下不要随意再进行校准以免影响实验正常进行。

七、实验台操作注意事项

1) 带和带轮要保持非常清洁,绝对不能粘油。
2) 带和带轮如果不清洁,可先用干净的汽油、酒精洗干净,再用干抹布擦干净。
3) 实验前电动机活动底板要反复推动,以确保灵活。
4) 起动电源开关前,需将面板上的高速旋钮逆时针旋到底(转速最低位置),以避免电机高速运动带来的冲击损坏传感器。在砝码架上加上一定的砝码使带张紧,以确保实验安全。
5) 实验测试前,先开机将带转速调至 1200r/min,运转 30min 以上,使带预热,性能稳定。
6) 在实验中采集数据时,一定要等数据采集窗口的数据稳定后再进行采集。每采集一次,时间间隔 5~10s。
7) 当带加载至打滑时,运转时间不能过长,防止损坏带。
8) 在带飞出的情况下,要立即停机,然后可将带调头,再装上进行实验。在带调头后实验仍不能进行的情况下,则需将电机支座固定螺钉松开,适当调整两个带轮的轴线,使其平行后,再拧紧螺钉。

2.3 齿轮传动效率实验

一、实验目的

1) 了解封闭式加载齿轮实验台的组成、工作原理及测试方法。
2) 测定齿轮传动的效率。
3) 绘制效率 η-封闭转矩(η-T_9)曲线,轮系输入转矩-封闭转矩(T_1-T_9)曲线。

二、实验设备的结构、工作原理

ClS—Ⅱ型齿轮实验台为小型台式封闭功率流式齿轮实验台,采用悬挂式齿轮箱不停机加载方式,加载方便、操作简单安全、耗能少。在数据处理方面,既可直接抄录数据手工计算,也可以和计算机连接组成具有数据采集处理、结果曲线显示、信息储存、打印输出等多种功能的自动化处理系统。该系统具有体积小、质量轻、机电一体化相结合等特点。

1. 实验系统组成

实验系统组成框图如图 2-12 所示。

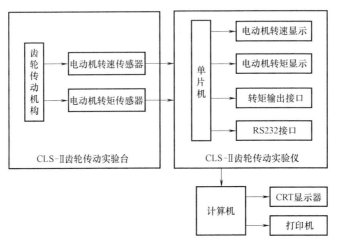

图 2-12 CLS-Ⅱ型齿轮传动效率实验系统组成

实验系统由如下设备组成：

1）CLS-Ⅱ型齿轮传动实验台。

2）CLS-Ⅱ型齿轮传动实验仪。

3）计算机。

4）打印机。

2. 实验台结构

实验台如图 2-13 所示。

电动机采用外壳悬挂结构，通过浮动连轴器和齿轮相连，与电动机悬臂相连的转矩传感器把电动机转矩信号送入实验台电测箱，在数码显示器上直接读出。电动机转速由霍耳传感器测出，同时送往电测箱中显示。

实验台的结构如图 2-14 所示，由定轴齿轮副、悬挂齿轮箱、扭力轴、万向联轴器等组成一个封闭机械系统。

图 2-13 齿轮实验台实物图

3. 主要技术参数

试验齿轮模数：$m = 2$。

齿数：$z_1 = z_2 = z_3 = z_4 = 38$。

传动比：$i = 1$。

直流电动机额定功率：$P = 300\text{W}$。

直流电动机转速：$n = 1 \sim 1100 \text{r/min}$。

最大封闭转矩：$T_{9\max} = 15\text{N} \cdot \text{m}$。

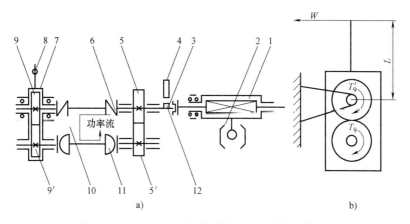

图 2-14　CLS-Ⅱ型齿轮传动效率实验台结构简图

1—悬挂电动机　2—转矩传感器　3—浮动联轴器　4—霍耳传感器　5—定轴齿轮副　6—刚性联轴器
7—悬挂齿轮箱　8—砝码　9—悬挂齿轮副　10—扭力轴　11—万向联轴器　12—永久磁铁

最大封闭功率：$P_{9max} = 1.5\text{kW}$。

电源：AC220V。

中心矩：$a = 76\text{mm}$。

实验台尺寸：长×宽×高 = 900mm×550mm×300mm。

4．齿轮传动实验仪

实验仪正面面板布置及背面板布置如图 2-15、图 2-16 所示。实验仪内部系统框图如图 2-12 所示。实验仪操作部分主要集中在仪器正面的面板上。在实验仪的背面备有 RS232 接口，转矩、转速输入接口等。

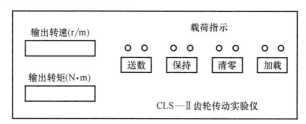

图 2-15　正面板布置图

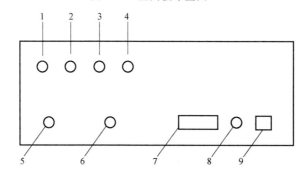

图 2-16　电测箱背面板布置图

1—调零电位器　2—转矩放大倍数电位器　3—力矩输出接口　4—接地端子
5—转速输入接口　6—转矩输入接口　7—RS232 接口　8—电源开关　9—电源插座

实验仪箱体内附设有单片机，承担检测、数据处理、信息记忆，自动数字显示及传送等功能。若通过串行接口与计算机相联，就可由计算机对所采集数据进行自动分析处理，并能显示及打印齿轮传递效率 η-T_9 曲线及 T_1-T_9 曲线和全部相关数据。

三、实验原理

1. 效率的计算

由图 2-14b 所示可知，实验台空载时，悬臂齿轮箱的杠杆通常处于水平位置，当加上一定载荷之后（通常加载砝码是 0.5kg 以上），悬臂齿轮箱会产生一定角度的翻转，这时扭力轴将有一力矩 T_9 作用于齿轮 9（其方向为顺时针），万向联轴器也有一力矩 T_9' 作用于齿轮 $9'$，（其方向也顺时针，如忽略摩擦，$T_9' = T_9$）。当电动机顺时针方向以角速度 ω 转动时，T_9 与 ω 的方向相同，T_9' 与 ω 方向相反，故这时齿轮 9 为主动轮。齿轮 $9'$ 为从动轮。同理齿轮 $5'$ 为主动轮，齿轮 5 为从动轮，封闭功率流方向如图 2-14a 所示，其大小为

$$P_9 = \frac{T_9 n_9}{9550} = p_{9'} \text{ (kW)} \tag{2-5}$$

该功率的大小取决于加载力矩和扭力轴的转速，而不是取决于电动机。电动机提供的功率仅为封闭传动中的损耗功率：

$$P_1 = P_9 - P_9 \eta_{总} \tag{2-6}$$

因此

$$\eta_{总} = \frac{P_9 - P_1}{P_9} = \frac{T_9 - T_1}{T_9} \tag{2-7}$$

对于单对齿轮

$$\eta = \sqrt{\frac{T_9 - T_1}{T_9}} \tag{2-8}$$

$\eta_{总}$ 为总效率，若 $\eta = 95\%$，则电动机供给的能量，其值约为封闭功率值的 1/10，是一种节能高效的实验方法。

2. 封闭力矩 T_9 的确定

由图 2-14b 所示可以看出，当悬挂齿轮箱杠杆加上载荷后，齿轮 9、齿轮 $9'$ 就会产生转矩，其方向都是顺时针。以齿轮 $9'$ 中心为原点，得到封闭转矩 T_9（本实验台 T_9 是所加载荷产生转矩的一半），即：

$$T_9 = \frac{WL}{2} \text{ (N·m)} \tag{2-9}$$

式中，W 是所加砝码重力（N）；L 是加载杆长度，$L = 0.3\text{m}$。

平均效率（本实验台电动机为顺时针）为

$$\eta = \sqrt{\eta_{总}} = \sqrt{\frac{T_9 - T_1}{T_9}} = \sqrt{\frac{\frac{WL}{2} - T_1}{\frac{WL}{2}}} \tag{2-10}$$

式中，T_1 是电动机输出转矩（电测箱输出转矩显示值）。

3. 一对外啮合齿轮的转矩关系

一对外啮合齿轮如图 2-17 所示，T_9'、T_9 为外加转矩（作用于轴上）。其方向如图所示，因为这是力平衡所必需的。由图可见：一对外啮合齿轮，其轴上的外加平衡转矩应是同方向

的。当轮齿啮合的齿侧面改为另一侧面时，如图 2-18 所示，两轴上转矩也改变方向，但结论仍然是两轮上的外加转矩必须是同方向的。当一对定轴外啮合齿轮转动时，其角速度 ω_1、ω_2 肯定是相反的。因此 $T_9'\omega_1$、$T_9\omega_2$ 必然一正一负，这也正是一般所理解的一者为正功，一者为负功。

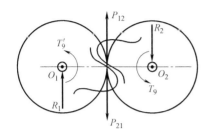

图 2-17 外啮合齿轮转矩图

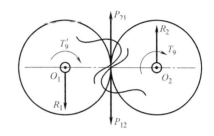

图 2-18 内啮合齿轮转矩图

4. 封闭实验台悬臂挂重的计量关系

如图 2-19 所示，取实验台的浮动齿轮箱为独立体，其上除了悬臂挂重 W 以外，两转轴处作用有转矩 T_9'、T_9，由于本实验台传动比为 1，故 $T_9' = T_9 = T$，根据独立体的平衡原理，外力对 O_2 取矩，得

$$T_9' + T_9 = 2T = WL \tag{2-11}$$

$$T = \frac{WL}{2} = T_9 = T_9' \tag{2-12}$$

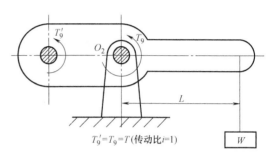

图 2-19 实验台悬臂挂重示意图

四、实验操作步骤

1. 系统连接及接通电源

齿轮实验台在接通电源前，应首先将电动机调速旋钮逆时针转至最低速"0 速"位置，将传感器转矩信号输出线及转速信号输出线分别插入电测箱背板和实验台上相应接口，然后按电源开关接通电源。打开实验仪背板上的电源开关，并按一下"清零"键。此时，输出转速显示为"0"，输出转矩显示为"."，实验系统处于自动校零状态。校零结束后，转矩显示为"0"。

2. 转矩零点及放大倍数调整

（1）零点调整　齿轮实验台不转动及空载状态下，使用万用表接入电测箱背板力矩输出接口 3（图 2-16）上，电压输出值应在 1~1.5V 范围内，否则应调整电测箱背板上的调零电位器（若电位器带有锁紧螺母，则应先松开锁紧螺母，调整后再锁紧）。零点调整完成后按一下"清零"键，待转矩显示"0"后表示调整结束。

（2）放大倍数调整　"调零"完成后，将实验台上的调速旋钮顺时针慢慢向"高速"方向旋转，电动机起动并逐渐增速，同时观察电测箱面板上所显示的转速值。当电动机转速达到 1000r/min 左右时，停止转速调节，此时输出转矩显示值应在 0.6~0.8N·m（此值为出厂时标定值），否则通过电测箱背板上的转矩放大倍数电位器加以调节。调节电位器时，转速与转矩的显示值有一段滞后时间。一般调节后待显示器数值跳动两次即可达到稳定值。

3. 加载

调零及放大倍数调整结束后,为保证加载过程中机构运转比较平稳,建议先将电动机转速调低。一般实验转速调到 300~800r/min 为宜。待实验台处于稳定空载运转后(若有较大振动,要稳定一下加载砝码吊篮或适当调节一下电动机转速),在砝码吊篮上加上第一个砝码。观察输出转速及转矩值,待显示稳定(一般加载后转矩显示值跳动 2~3 次即可达稳定值)后,按一下"保持"键,使当时的转速及转矩值稳定不变,记录下该组数值。然后按一下"加载"键,第一个加载指示灯亮,并脱离"保持"状态,表示第一点加载结束。在吊篮上加上第二个砝码,重复上述操作,直至加上八个砝码,八个加载指示灯亮,转速及转矩显示器分别显示"8888"表示实验结束。根据所记录下的八组数据便可绘制出齿轮传动的传动效率 $\eta\text{-}T_9$ 曲线及 $T_1\text{-}T_9$ 曲线。

注意:在加载过程中,应始终使电动机转速基本保持在预定转速。

在记录下各组数据后,应先将电动机调速至零,然后再关闭实验台。

2.4 液体动压滑动轴承实验

一、实验目的

1) 观察滑动轴承的动压油膜形成过程与现象。
2) 通过实验,绘出滑动轴承的特性曲线。
3) 了解摩擦系数、转速等数据的测量方法。
4) 通过实验数据处理,绘制出滑动轴承径向油膜压力分布曲线与承载量曲线。

二、实验设备的结构、工作原理

1. ZCS—Ⅱ液体动压轴承实验台结构及工作原理

(1) 结构特点 实验台结构如图 2-20 所示。

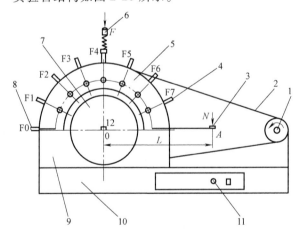

图 2-20 实验台结构示意图

1—直流电动机 2—V 带 3—摩擦力矩传感器 4—油压表 5—主轴瓦
6—工作载荷传感器 7—主轴 8—油槽 9—底座 10—面板 11—无级调速器

该实验台主轴 7 由两高精度的单列调心球轴承支撑。直流电动机 1 通过 V 带 2 传动主轴 7，主轴顺时针转动。主轴上装有精密加工的主轴瓦 5，由装在底座上的无级调速器 11 实现主轴的无级变速，轴的转速由装在实验台上的霍尔转速传感器测出并显示。

主轴瓦 5 外圆被加载装置（图中未画）压住，旋转加载杆即可方便地对主轴瓦加载，加载力大小由工作载荷传感器 6 测出，在测试仪面板上显示。

主轴瓦上还装有测力杆，在主轴回转过程中，主轴与主轴瓦之间的摩擦力矩由摩擦力矩传感器测出，并在测试仪面板上显示，由此算出摩擦系数。

主轴瓦前端装有 7 只测径向压力的油压表 4，油的进口在主轴瓦的 1/2 处。由油压表可读出轴与主轴瓦之间径向平面内相应点的油膜压力，由此可绘制出径向油膜压力分布曲线。

（2）主要技术参数

主轴瓦内直径：$d = 70$mm。

有效长度：$B = 125$mm。

加载范围：$W = 0 \sim 2000$N。

油压表精度：2.5 级，量程 $0 \sim 1$MPa。

测力杆测力点与轴承中心距：$L = 120$mm。

电动机功率：400W。

调速范围：$0 \sim 500$r/min。

实验台尺寸：长×宽×高 $= 600$mm$\times 430$mm$\times 500$mm。

实验质量：65kg。

2. HS—A 型液体动压轴承实验台结构及工作原理

（1）传动装置　由直流电动机通过 V 带传动驱动轴沿顺时针方向转动（图 2-21），通过无级调速器实现主轴的无级调速。主轴的转速由装在主轴后的光电测速传感器采集，由面板上的左数码管直接读出。

（2）轴与轴瓦间油膜压力测量装置　主轴的材料为 45 钢，经表面淬火、抛光，由两个高精度的单列调心轴承支撑在箱体上，轴的下半部浸泡在润滑油中，如图 2-21 所示。本实验台采用的润滑油牌号为 N68（即旧牌号为 40 号机械油），该油在 200℃时的动力黏度为 0.34Pa·s。精密加工制造的半主轴瓦材料为铸锡铅青铜，牌号 ZCuSn5Pb5Zn5（旧牌号是 ZQSn6-6-3）。在轴瓦的一个径向平面内（即油膜压力测量采集点置于轴瓦全长的 1/2 截面处），沿圆

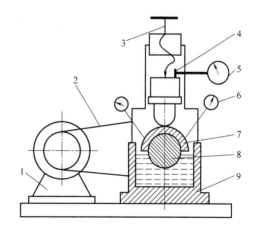

图 2-21　HS—A 型液体动压轴承实验台简图
1—直流电动机　2—V 带　3—加载装置
4—弹簧片　5—测力计（百分表）
6—压力表　7—轴瓦　8—轴　9—箱体

周钻有七个小孔，每个小孔沿圆周相隔 200mm，并连接一个压力表，可以测得各点的径向油膜压力。由此可绘制出径向油膜压力分布曲线。沿轴瓦全长 1/4 处的一个轴向剖面装有两个压力表，用来测量轴向油膜压力。

(3) 外载荷加载装置　油膜的径向压力分布曲线是在一定载荷和一定的转速下绘制的。外载荷改变或轴的转速改变时所测出的压力是不同的，所绘出的压力分布曲线的形状也是不同的。本实验台采用螺旋机械加载（图 2-21），旋转加载螺杆即可改变载荷的大小，载荷值通过荷载传感器采集，可直接在实验台操作面板右数码管上读出。

(4) 摩擦状态指示装置　如图 2-22 所示。

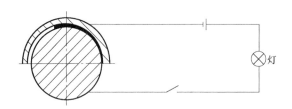

图 2-22　指示装置原理图

(5) 主要技术参数

轴瓦内直径：$d = 60$mm。

轴瓦长度：$B = 110$mm。

加载范围：$W = 0 \sim 1000$N。

油压表精度：2.5 级，量程 $0 \sim 0.4$MPa。

测力杆测力点与轴承中心距：$L = 120$mm。

电动机功率：400W。

调速范围：$0 \sim 500$r/min。

实验台尺寸：长×宽×高 = 600mm×430mm×500mm。

实验质量：65kg。

三、实验原理及测试内容

1. 油膜压力测试实验

(1) 实验原理　滑动轴承形成动压润滑油膜的过程如图 2-23 所示。当轴静止时，轴承孔与轴颈直接接触，如图 2-23a 所示。径向间隙 Δ 使轴颈与轴承的配合面之间形成楔形间隙，其间充满润滑油。由于润滑油具有黏性而附着于零件表面的特性，因而当轴颈回转时，依靠附着在轴颈上的油层带动润滑油挤入楔形间隙。因为通过楔形间隙的润滑油质量不变（流体连续运动原理），而楔形中的间隙截面逐渐变小，润滑油分子间相互挤压，从而油层中必然产生流体动压力，它力图挤开配合面，达到支撑外载荷的目的。当各种参数协调时，液体动压力能保证轴的中心与轴瓦中心有一偏心距 e。最小油膜厚度 h_{min} 存在于轴颈与轴承孔的中心连线上。液体动压力的分布如图 2-23c 所示。

(2) 理论计算压力　图 2-24 所示为轴承工作时轴颈的位置。根据流体动力润滑的雷诺方程，从油膜起始角 φ_1 到任意角 φ 的压力为

$$P_\varphi = 6\eta \frac{\omega}{\psi^2} \int_{\varphi_1}^{\varphi} \frac{\chi*(\cos\varphi - \cos\varphi_0)}{(1+\chi\cos\varphi)^3} d\varphi$$

$$\psi = \frac{D-d}{d}, \chi = \frac{2e}{D-d} \tag{2-13}$$

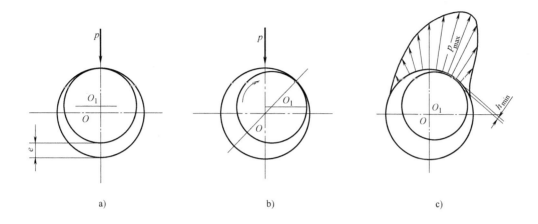

图 2-23 液体动压润滑膜形成的过程

式中，P_φ 是任意位置的压力（Pa）；η 是油膜黏度；ω 是主轴转速，φ 是油压任意角（度）；φ_0 是最大压力处极角（度）；φ_1 是油膜起始角（度）；ψ 是相对间隙；χ 是偏心率；e 是偏心距。

在雷诺公式中，油膜起始角 φ_1、最大压力处极角 φ_0 由实验台实验测试得到。另一变化参数偏心率 χ 的变化情况，可由查表得到。具体方法如下：

对有限宽轴承，油膜的总承载能力为

$$F = \frac{\eta \omega d B}{\psi^2} C_p \qquad (2\text{-}14)$$

式中，F 是承载能力，即外加载荷（N）；B 是轴承宽度（mm）；C_p 是承载量系数。

由式（2-14）可推出：

$$C_p = \frac{F \varphi^2}{\eta \omega d B} \qquad (2\text{-}15)$$

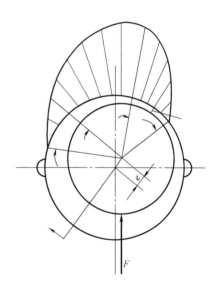

图 2-24 径向滑动轴承的油压分布

由式（2-15）计算得承载量系数 C_p 后再查相关表可得到在不同转速、不同外加载荷下的偏心率情况。

注：若所查的参数超出了表中所列的，可用插值法进行推算。

(3) 实际测量压力

1) 轴承实验台在接通电源前，应先将电动机调速旋钮逆时针转至最低速"0速"位置。将摩擦力矩传感器信号输出线，转速传感器信号输出线分别接入实验仪对应接口。

2) 松开实验台上的螺旋加载杆，按下实验台及实验仪的电源开关接通电源。

3) 在松开螺旋加载杆的状态下，起动电动机并慢慢将主轴转速调整到实验数据记录表要求的相应转速。慢慢转动螺旋加载杆,同时观察实验仪面板上的工作载荷显示窗口,将载荷加至实验要求载荷。

4) 待各压力表的压力值稳定后,由左至右依次记录轴瓦径向平面内均匀分布的七个压力表的压力值。

5) 待实验数据记录完毕后,先松开螺旋加载杆,并旋动调整电位器使电动机转速为零,关闭实验台及实验仪电源。

(4) 实验数据处理与图像绘制 根据测出的各压力值按一定比例绘制出油压分布曲线与承载曲线,如图2-25所示。

此图的具体画法是:沿着圆周表面从左到右画出角度30°、50°、70°、90°、110°、130°、150°,得出油孔点1、2、3、4、5、6、7的位置。通过这些点与圆心 O 连线,在各连线的延长线上将压力表(比例:0.1MPa=5mm)测出的压力值画出压力线 1—1′、2—2′、3—3′、…、7—7′。将 1′、2′、3′、…、7′各点连成光滑曲线,此曲线就是所测轴承的一个径向截面的油膜径向压力分布曲线。

再将半圆上油孔点1、2、3、…、7各点向 $O-X$ 轴投影,两端补上0和8,分别为0、1″、2″、…、7″、8,用上述相同的比例在 $O-X$ 轴垂直方向画出压力向量 1″—1′、2″—2′、…、7″—7′,将0、1′、2′、…、7″、8各点光滑连接起来,所形成的曲线即为在载荷方向的压力分布曲线。

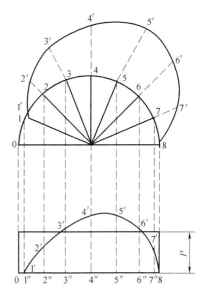

图2-25 油压分布曲线与承载曲线

用数格法计算出曲线所围的面积。以08为底边作一矩形,使其面积与曲线所围面积相等。其高 $P_{平均}$ 即为轴瓦中间截面处的 Y 向平均压力。

轴承处在液体摩擦工作状态时,其油膜承载量与外载荷平衡,轴承内油膜的承载量 q 可用下式求出:

$$q = \psi P_{平均} dB \qquad (2-16)$$

式中,ψ 为端泄对承载能力的影响系数,一般取 $\psi = 0.7$。

2. 摩擦特性实验

(1) 实验原理 按照轴承表面润滑情况,将摩擦分为以下几种状态:

1) 干摩擦。当两摩擦表面间无任何润滑剂或保护膜时,即出现固态表面间直接接触的摩擦,工程上称为干摩擦。

2) 边界摩擦。两摩擦表面间有润滑油存在,由于润滑油中的极性分子与金属表面的吸附作用,会在金属表面上形成极薄的边界油膜。而边界油膜又不足以将两金属表面分隔开,所以相互运动时,两金属表面微观的高峰部分仍将互相磨削,这种状态称为边界摩擦。

3) 液体摩擦。若两摩擦表面间有充足的润滑油,而且能满足一定的条件,则在两摩擦面间可形成厚度达几十微米的压力油膜,该油膜能将相对运动着的两金属表面分隔开。此时，只有液体之间的摩擦，称为液体摩擦，又称为液体润滑。换言之，形成的压力油膜可以将重物托起，使其浮在油膜之上。

径向滑动轴承的摩擦系数 f，会随轴承的特性系数 $\eta n/P$ 值改变（η 为油的动力黏度，n 为轴的转速，P 为压力，$P=W/Bd$，W 为轴上的载荷，B 为轴瓦的宽度，d 为轴的直径）。如图 2-25 所示。

当轴颈开始转动时，速度极低，这时轴颈和轴承主要是金属相接触，产生的摩擦为金属间的直接摩擦，摩擦阻力最大。随着转速的增大，轴颈表面的圆周速度增大，带入油楔内的油量也逐渐增多，则金属接触面被润滑油分隔开的面积也逐渐加大，因而摩擦阻力也就逐渐减小。

当速度增加到一定大小之后，已能带入足够把金属接触面分开的油量，油层内的压力已建立到能支撑轴颈上外载荷的程度，轴承就开始按照液体摩擦状态工作。此时，由于轴承内的摩擦阻力仅为液体的内阻力，故摩擦系数达到最小值。

当轴颈转速进一步加大时，轴颈表面的速度也进一步增大，使油层间的相对速度增大，故液体的内摩擦也就增大，轴承的摩擦系数也随之上升。

（2）摩擦系数 f 测量　在边界摩擦时，f 随 $\eta n/P$ 增大的变化很小（由于 n 值很小，建议用手慢慢转动轴），进入混合摩擦后 $\eta n/P$ 的改变引起 f 的急剧变化，在刚形成液体摩擦时 f 达到最小值，此后，随 $\eta n/P$ 的增大油膜厚度也随之增大，因而 f 也有所增大（图 2-26）。

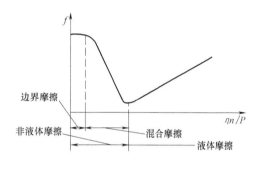

图 2-26　f-$\eta n/P$ 曲线

摩擦系数 f 可通过测量轴承的摩擦力矩得到。轴转动时，轴对轴瓦产生周向摩擦力 F，其摩擦力矩为 $Fd/2$，它使主轴瓦 5（图 2-20）翻转，其翻转力矩通过固定在实验台底座的摩擦力矩传感器测出，经过以下计算就可得到摩擦系数 f。

根据力矩平衡条件得

$$F = F_1 + F_2 + F_3 + F_4 + \cdots$$

即摩擦力之和。

设 Q 是作用在摩擦力矩传感器上的反作用力，L 是测力杆的长度，W 是作用在轴上的外载荷，则：

$$f = \frac{F}{W} = \frac{2LQ}{Wd} \tag{2-17}$$

式中，f 为摩擦系数；LQ 为摩擦力矩；W 为工作载荷，由工作载荷传感器测得，并由实验仪读出；d 为轴的直径。

（3）实验操作步骤

1）轴承实验台在接通电源前，应先将电动机调速旋钮逆时针转至最低速"0 速"位置。将摩擦力矩传感器信号输出线和转速传感器信号输出线分别接入实验仪对应接口。

2）松开实验台上的螺旋加载杆，按下实验台及实验仪的电源开关接通电源。

3）在松开螺旋加载杆的状态下，起动电动机并慢慢将主轴转速调整到实验数据记录表要求的相应转速。慢慢转动螺旋加载杆，同时观察实验仪面板上的工作载荷显示窗口，将载荷加至实验要求载荷。

4）保持载荷大小不变，改变主轴转速，多次测量记录实验数据并绘制 f-$\eta n/P$ 曲线。

5）待实验数据记录完毕后，先松开螺旋加载杆，并旋动调整电位器使电动机转速为零，关闭实验台及实验仪电源。

（4）其他重要参数说明

1）轴承的平均压力 P（单位：MPa）：

$$P = \frac{W}{dB} \leq [P] \tag{2-18}$$

式中，W 为外加载荷（N）；B 为轴承宽度（mm）；d 为轴径直径（mm）；$[P]$ 为轴瓦材料许用压力（MPa），其值可查表获得。

2）轴承 pv 值（单位：MPa·m/s）：轴承的发热量与其单位面积上的摩擦功耗 f_{pv} 成正比（f 是摩擦系数），限制 pv 值就是限制轴承的温升。

$$pv = \frac{W}{Bd} \frac{\pi d n}{60 \times 1000} = \frac{Wn}{19100B} \leq [pv] \tag{2-19}$$

式中，v 为轴颈圆周速度（m/s）；$[pv]$ 为轴承材料 pv 许用值（MPa·m/s），其值可查表获得。

3）最小油膜厚度：

$$h_{\min} = r\psi(1-\chi) \tag{2-20}$$

式中，r 为圆周半径；ψ 为相对间隙；χ 为偏心率。

$$\psi = \frac{D-d}{d} \tag{2-21}$$

$$\chi = \frac{2e}{(D-d)} \tag{2-22}$$

四、注意事项

在开机做实验之前必须首先完成以下几项操作，否则容易影响设备的使用寿命和精度。

1）在起动电动机转动之前应确认载荷为空，即要求先起动电动机再加载。

2）在一次实验结束后马上又要重新开始实验时，应顺时针旋动轴瓦上端的螺钉，顶起轴瓦将油膜先放干净，以确保下次实验数据准确。

3）由于油膜形成需要一小段时间，所以在开机实验或在变化载荷、转速后，应待其稳定后（一般等待 5~10s 即可）再采集数据。

4）在长期使用过程中应确保实验油的充足、清洁；油量不足或不干净都会影响实验数据的精度，并会造成油压传感器堵塞等问题。

2.5 轴系结构设计实验

一、实验目的

熟悉和掌握轴的结构设计和轴承组合设计的方法及基本要求。

二、实验设备

1）模块化轴段（可组装不同结构形状的阶梯轴）。
2）轴上零件：齿轮、蜗杆、带轮、联轴器、轴承、轴承座、端盖、套杯、套筒、圆螺母、轴端挡板、止动垫圈、轴用弹性挡圈、孔用弹性挡圈、螺钉、螺母等。
3）工具：活扳手、胀钳、木锤、胶木锤、铁锤、铜套、铜棒等。
4）量具：150mm 游标卡尺、300mm 钢直尺。

三、实验准备（各项准备工作应在进实验室前完成）

1）从轴系结构设计实验方案中选择设计实验方案号。
2）根据实验方案规定的设计条件确定需要的轴上零件。
3）绘出轴系结构设计装配草图，并注意以下几点：
① 应满足轴的结构设计、轴承组合设计的基本要求。例如，轴上零件的固定、装拆，轴承间隙的调整、密封，轴的结构工艺性等（暂不考虑润滑问题）。
② 标出每段的直径和长度，其余零件尺寸可不标注。

四、实验步骤

1）利用模块化轴段组装阶梯轴，该轴应与装配草图中轴的结构尺寸一致或尽可能相近。
2）根据轴系结构设计装配草图，选择相应的零件实物，按装配工艺要求顺序装到轴上，完成轴系结构设计。
3）检查轴系结构设计是否合理，并对不合理的结构进行修改。合理的轴系结构应满足下述要求：
① 轴上零件装拆方便，轴的加工工艺性良好。
② 轴上的零件固定（轴向、周向）可靠。
③ 轴承固定方式应符合给定的设计条件，轴承间隙调整方便。
④ 锥齿轮轴系的位置应能做轴向调整。
注：因实验条件的限制，本实验忽略过盈配合的松紧程度，轴肩过渡圆角及润滑等问题。
4）测绘各零件的实际结构尺寸（底板不测绘，轴承座只测量轴向宽度）。
5）装配完毕，经指导教师审核后方可拆卸。将零件放回箱内，分门别类排列整齐。工具、量具放回原处。
6）在实验报告上按 1∶1 比例完成轴系结构设计装配图（只标出轴各段的直径和长度即可，公差配合及其余尺寸不用标柱，零件序号、标题栏可省略）。
轴系结构设计方案见表 2-1～表 2-3。

表 2-1 轴系结构设计方案 1

方案类型	序号	方案号	设计条件					
			轴系布置简图	轴承固定方式	轴承代号	L/mm	传动件		
							齿轮	带轮	联轴器
单级齿轮减速器输入轴	01	1-1	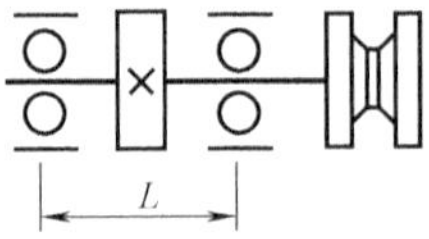	两端固定结构	6206	95	A	A	
	02	1-2	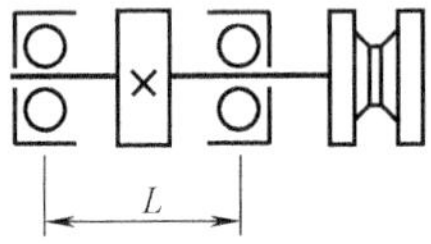	两端固定结构	7206C	95	A	B	
	03	1-3	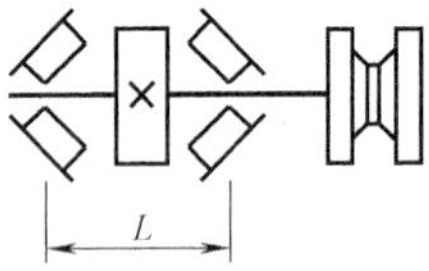	两端固定结构	30206	95	A	B	
二级齿轮减速器输入轴	04	2-1	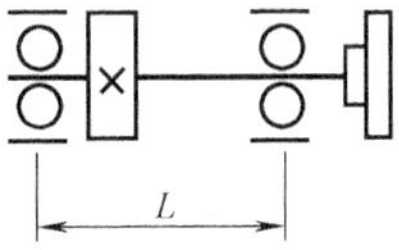	两端固定结构	6206	145			A
	05	2-2	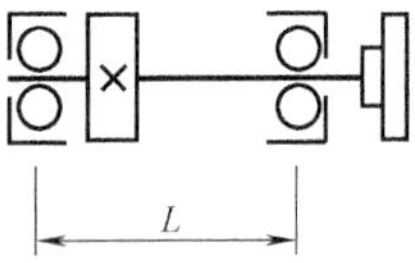	两端固定结构	7206C	145	B		B
	06	2-3	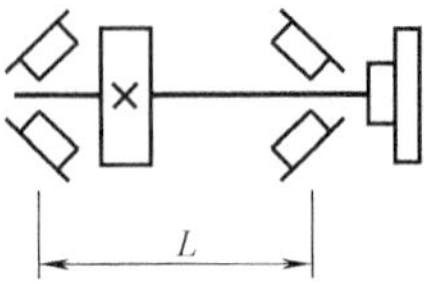	两端固定结构	30206	145	B		C
二级齿轮减速器中间轴	07	4-1	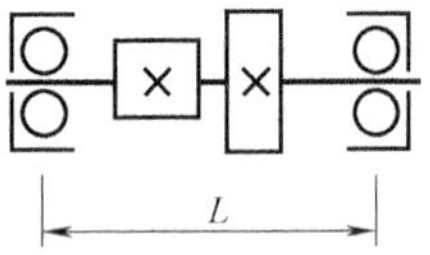	两端固定结构	7206	135	BC		
	08	4-2	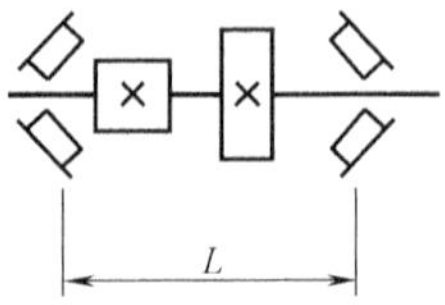	两端固定结构	30206	135	BC		

表2-2 轴系结构设计方案2

方案类型	序号	方案号	设计条件					传动件	
			轴系布置简图	轴承固定方式	轴承代号	L/mm		蜗轮	联轴器
蜗杆减速器输入轴	09	3-1	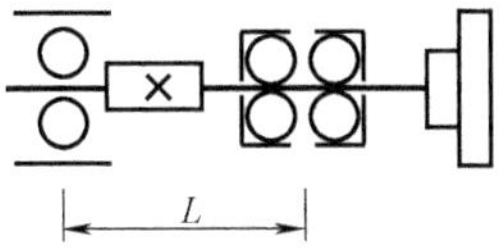	一端固定一端游动	固定端7206C 游动端6306	168	A	A
	10	3-2	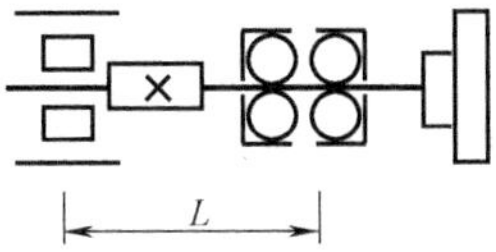	一端固定一端游动	固定端7206C 游动端N306	168		
	11	3-3	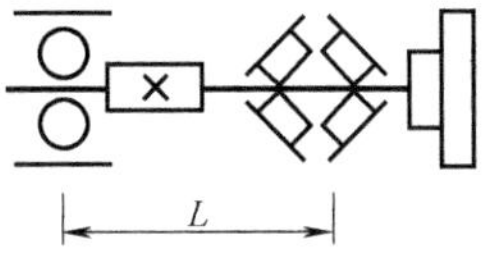	一端固定一端游动	固定端30206 游动端6306	168		
	12	3-4	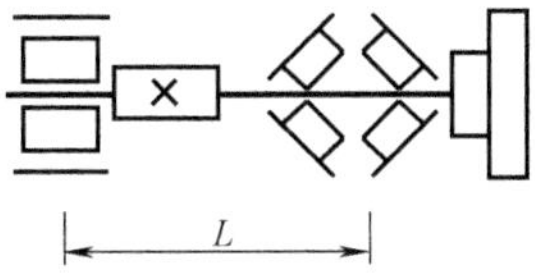	一端固定一端游动	固定端30206 游动端N306	168		
	13	3-5	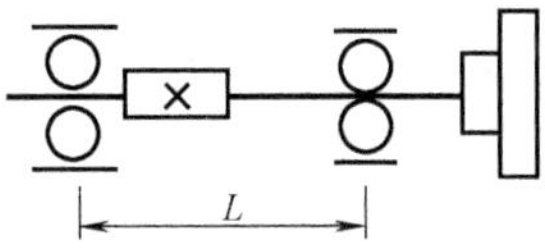	一端固定一端游动	固定端6206 游动端6206	157		
	14	3-6	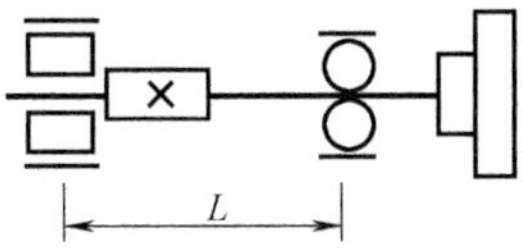	一端固定一端游动	固定端6206 游动端N206	157		

表 2-3 轴系结构设计方案 3

方案类型	序号	方案号	设计条件					
			轴系布置简图	轴承固定方式	轴承代号	L/mm	传动件	
							齿轮	联轴器
锥齿轮减速器输入轴	15	5-1	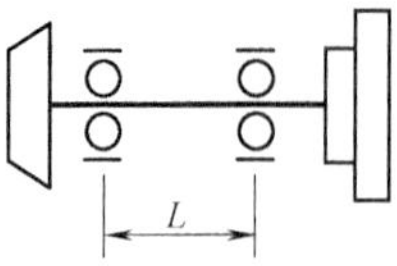	两端固定结构	6205	80	E	A
	16	5-2	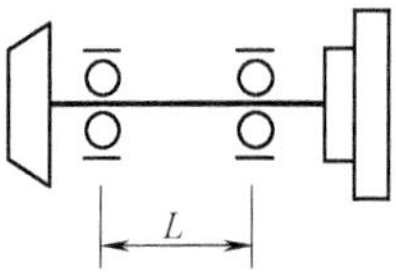	两端固定结构	6205	80	F	
	17	5-3	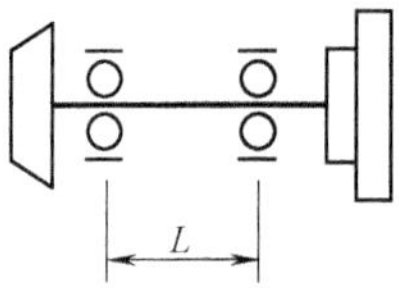	一端固定一端游动	固定端 6205 游动端 6305	80	E	
	18	5-4	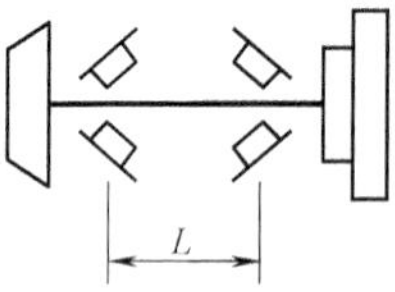	两端固定结构	30205	80	E	
	19	5-5	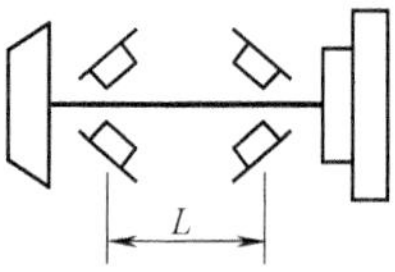	两端固定结构	30205	80	F	
	20	5-6	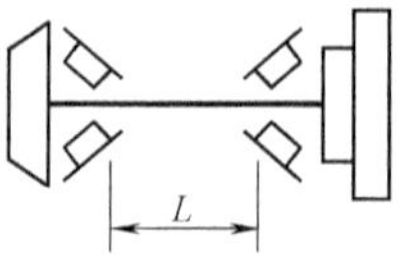	两端固定结构	30205	75	F	

传动件结构及相关尺寸见表 2-4~表 2-5。

表 2-4 传动件结构及相关尺寸 1

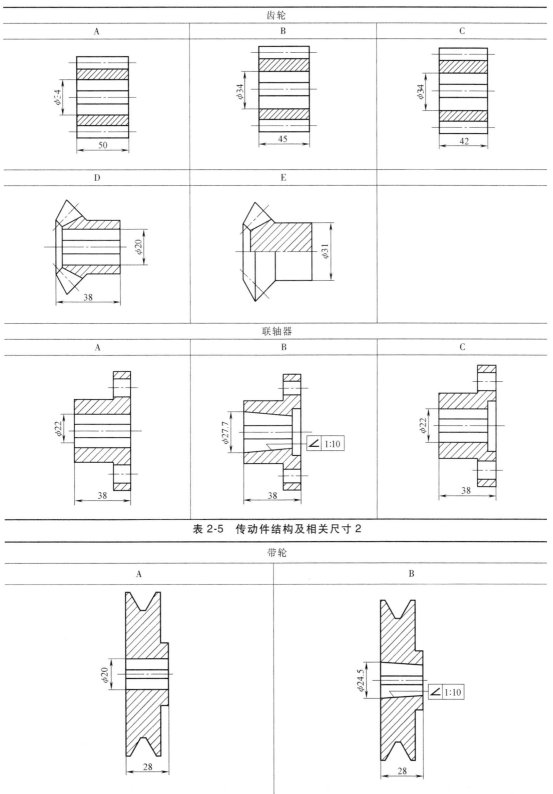

表 2-5 传动件结构及相关尺寸 2

(续)

蜗杆
A

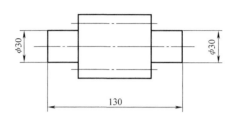

五、零件的轴向定位和周向固定

1. 零件的轴向定位

见表 2-6。

表 2-6 零件的轴向定位

序号	定位方式	定位特点及使用场合
1	轴肩	利用轴肩定位是最方便可靠的方法,多用于轴向力较大的场合 1)固定轴承内圈 2)固定联轴器一端面 3)固定齿轮一个端面 轴肩分为定位轴肩和非定位轴肩 定位轴肩的高度 $h=(0.07\sim0.1)d$。d 为与零件相配合的轴径尺寸。滚动轴承的定位轴肩高度必须低于轴承内圈端面的高度,以便拆卸轴承,轴肩的高度可查手册中轴承的安装尺寸。为了使零件能靠紧轴肩而得到准确可靠的定位,轴肩处的过渡圆角半径 r 必须小于与之相配的零件毂孔端部的圆角半径 R 或倒角尺寸 C。零件倒角 C 与圆角半径 R 可查有关资料中的推荐值。 非定位轴肩是为了加工和装配方便而设置的,其高度没有严格的规定,一般取 1~2mm。 采用轴肩就必然会使轴的直径加大,而且轴肩将因截面突变而引起应力集中
2	套筒	一般用于轴上两个零件之间的轴向定位 套筒定位方式结构简单、定位可靠,轴上不需开槽、钻孔和切制螺纹,不影响轴的疲劳强度。如用于齿轮与轴承内圈之间的定位
3	圆螺母	可承受大的轴向力 轴上螺纹处有较大的应力集中,会降低轴的疲劳强度,故一般用于固定轴端的零件。圆螺母定位有两种形式 1)双圆螺母定位 2)圆螺母与止动垫片定位 当轴上两零件间距离较大不宜使用套筒定位时,常用圆螺母定位
4	轴端挡圈	可承受较大的轴向力,适用于固定轴端零件
5	轴承端盖	将轴承端盖用螺钉或榫槽与箱体连接而使滚动轴承的外圈得到轴向定位。在一般情况下,整个轴的轴向定位也常利用轴承端盖来实现
6	弹性挡圈	只用于零件上轴向力不大之处
7	紧定螺钉	只用于零件上轴向力不大之处,常用于光轴上零件的定位
8	锁紧挡圈	只用于零件上轴向力不大之处,常用于光轴上零件的定位
9	圆锥面	适用于承受冲击载荷和同心度要求较高的轴端零件定位

2. 零件的周向固定

见表 2-7。

表 2-7 零件的周向固定

序号	固定方式	特点及使用场合
1	键	限制轴上零件与轴发生相对转动
2	花键	
3	销	限制轴上零件与轴发生相对转动和移动
4	过盈配合	
5	紧定螺钉	只用于传力不大的地方

2.6 减速器拆装实验

一、实验目的

减速器是一种普遍通用的机械部件，其结构包括传动件（直齿轮、斜齿轮、锥齿轮、蜗杆等），支撑件（轴、轴承等），箱体及密封等，是机械类专业学生进行综合设计能力训练常用的参考设备。

在学生首次独立进行机械设计能力训练的过程中，由于对齿轮结构、加工过程、安装形式不熟悉，对轴的结构、加工过程、选材、热处理不熟悉，对箱体结构、铸造（焊接）过程不熟悉，对轴承型号选择、密封形式选择、连接件选择与安装没有经验。因此，让学生亲自动手进行减速器实物拆装很有必要。通过减速器拆装实验，可以使学生对减速器各个零部件有直接认识，进一步了解和掌握各零部件的结构意义、加工工艺、安装方法。尤其是运动件与运动件之间的安装要求、运动件与固定件之间的安装要求、轴承的拆装等。

1) 了解减速器结构、熟悉装配和拆卸方法。
2) 加深了解轴和轴承部件的结构。
3) 了解减速器各附件的名称、结构、安装位置。

二、实验设备和工具

1) 一级圆柱齿轮减速器、二级圆柱齿轮减速器、锥齿轮减速器、蜗杆减速器。
2) 游标卡尺、钢直尺、活扳手。

三、实验原理与内容

1. 减速器的组成、特点和选用

减速器的基本结构由传动零件（齿轮、蜗杆蜗轮等）、轴和轴承、箱体、润滑和密封装置以及减速器附件等组成，图 2-27 所示为展开式二级圆柱齿轮减速器的组成及结构示意图，图 2-28 所示为蜗杆减速器的组成及结构示意图。

1) 箱体是支撑和固定减速器零件、保证传动件啮合精度的重要机件，其重量约占减速器总重量的一半，对减速器的性能、尺寸、质量和成本均有很大影响。箱体的具体结构与减

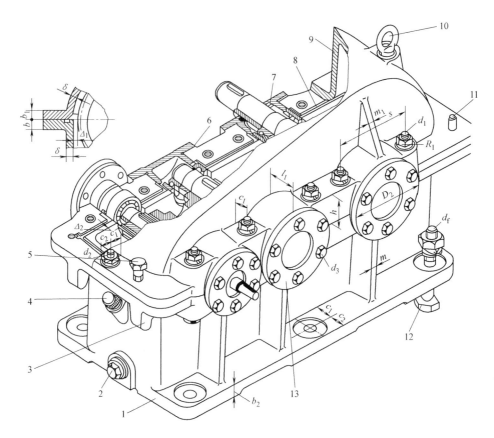

图 2-27 展开式二级圆柱齿轮减速器的组成及结构示意图

1—下箱体 2—放油塞 3—吊钩 4—油面指示器 5—起盖用螺栓 6—调整垫片
7—密封装置 8—油沟 9—上箱体 10—吊环螺钉 11—定位销 12—地脚螺钉 13—轴承端盖

速器传动件、轴系和轴承部件以及润滑密封等密切相关,同时还应综合考虑其使用要求、强度、刚度要求,及铸造、机械加工和拆装等多方面因素。

2)为使轴和轴上零件在机器中有正确的位置,防止轴系轴向窜动和正常传递轴向力,轴系应轴向固定。同时为防止轴受热伸长,轴系轴向游隙应可调整。

3)减速器中传动件和轴承在工作时都需要良好的润滑。传动件通常采用浸油润滑,浸油深度与传动速度有关。轴系的润滑方式通常有飞溅润滑、刮油润滑、浸油润滑。轴承室外侧密封形式有皮碗式密封、毡圈式密封、间隙式密封、离心式密封、迷宫式密封、联合式密封等;轴承室内侧密封形式有封油环、挡油环等。

4)减速器主要辅件有轴承端盖、调整垫片、油面指示器、排油孔螺塞、检查孔盖板、起吊装置、定位销、起盖用螺钉等。

5)齿轮减速器的特点是效率及可靠性高,工作寿命长,但受外轮廓尺寸及制造成本限制,其传动比不能太大。蜗杆减速器的特点是在外廓尺寸不大的情况下,可以获得大的传动比,且工作平稳,噪声较小,但效率较低。

6)减速器选用主要考虑因素:减速器目前由专业生产厂家制造,一般根据减速器类型、中心距(安装尺寸)、传动比、传递功率等要求选用。

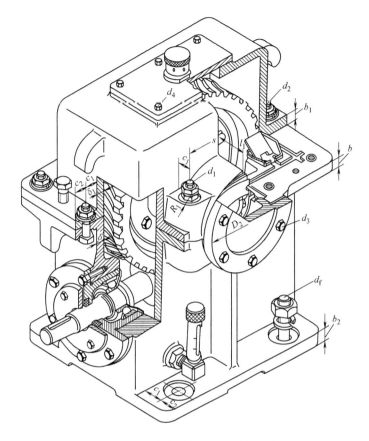

图 2-28 蜗杆减速器的组成及结构示意图

2. 实验内容及步骤

1）选定要求拆装的减速器，了解减速器的使用场合、作用及其主要特点。

2）观察减速器的外貌，用手来回推动减速器的输入、输出轴，体验轴向窜动。

3）拔出减速器箱体两端的定位销。

4）拧下轴承端盖上的螺栓，拆下轴承端盖及调整垫片。

5）拧下上、下箱体连接螺栓及轴承旁连接螺栓。把上箱体取下。

6）测量齿轮端面至箱体内壁的距离并记录，测量输出端大齿轮外圆至箱体内壁的距离和输入端小齿轮外圆至箱体内壁的距离并记录，测量输出端大齿轮外圆至下箱体底面的距离并记录。

7）逐级取下轴上的轴承、齿轮等，观察轴的结构，测量阶梯轴的各段直径、测量阶梯轴不同直径处的长度。测量齿轮轮毂宽度和轴承宽度，与安装齿轮处的长度和安装轴承处的长度进行尺寸比较。

8）目测训练。数出齿轮（蜗轮）的齿数并估算外圆直径、齿宽、两齿轮的中心距，轴的直径等，然后再用测量工具测量上述尺寸。

9）测量轴的安装尺寸，了解轴承的安装、拆卸、固定、调整方法（包括与之相关的轴承端盖结构、调整垫片、挡油环结构）。

10）分析传动零件所受的径向力和轴向力向箱体传递的过程，了解并掌握齿轮在轴上的轴向固定方法，分析轴的热胀冷缩及轴承预紧力的调整方法。

11）观察了解窥视孔、透气孔、油面指示器、放油塞，轴承座的加强筋的位置及结构，定位销孔的位置，螺钉凸台位置（并注意扳手空间是否合理），吊耳活吊钩的形式，铸造工艺特点（如分型面、底面及壁厚等）以及减速器箱体的加工方法。

12）目测与测量各种螺栓直径。地脚螺栓、轴承旁连接螺栓、上、下箱体连接螺栓、轴承端盖连接螺栓、窥视孔盖连接螺栓、起盖用螺栓（起盖用螺钉）、吊环螺钉等。

13）测量箱体有关尺寸。两轴承孔间中心距、中心高、上下箱体壁厚、地脚凸缘厚度与宽度、上下箱体连接凸缘厚度与宽度、轴承旁凸台宽度与高度、筋板厚度等。

14）将所测内容及尺寸填入表格中（记录表格见实验报告）。

15）拆卸、测量完毕，依次装回。

16）经指导老师检查装配良好、工具齐全后，方能离开现场。

四、注意事项

1）在拆卸时，应先仔细观察结构，搞清楚结构的特点之后再拆，不要一下子就把所有零件全部拆散。

2）结合讲课内容及有关参考资料，了解结构特点，互相对比分析优缺点。

3）保持工作场所的清洁，恢复原状，整理工具。

2.7 机械设计大作业——螺旋起重器设计

一、原始资料

见表2-8。

表2-8 原始资料

	Ⅰ	Ⅱ
起重重量 Q/kN	15	20
起重高度 L/mm	200	250

注：建议采用梯形螺纹。

二、设计内容

1）根据强度和结构要求确定螺旋起重器的各部尺寸。

2）绘制螺旋起重器的装配图（用2号图纸）。

3）整理设计计算说明书。

三、设计作业目的

1）明确螺旋起重器的设计方法与步骤。

2）初步了解机械设计的一般方法与步骤。

3）为课程设计打基础。

四、设计步骤

（一）设计计算

1) 螺旋副的耐磨性计算。由耐磨性条件计算出螺杆的直径和螺母的高度。
2) 螺杆强度的校核。
3) 螺杆稳定性的校核。计算螺杆刚度时，螺杆工作长度应为螺杆升至最高位置时，由其托杯底面到螺母中部之间的距离 l。所以：

$$l = B + L + \frac{H}{2} \tag{2-23}$$

式中，B 是螺杆头部长度，经验值取 $B=(1.4 \sim 1.6)d$，d 为螺杆的公称直径；L 是螺旋起重器的起重高度；H 是螺母高度。

4) 螺旋副的自锁条件校验。
5) 螺母螺纹牙强度校核。
6) 计算螺旋起重器的效率（在结构设计完成后进行）。螺杆每旋转一周所需输入功为：

$$A_2 = 2\pi T_{手柄} \tag{2-24}$$

而所作的有效功为：

$$A_1 = QS \tag{2-25}$$

式中，$T_{手柄}$ 是作用于手柄的力矩，按下式计算：

$$T_{手柄} = T_1 + T_2 \tag{2-26}$$

式中，T_1 是螺母与螺杆之间的螺纹力矩；$T_1 = Q\tan(\varphi+\varphi_v)\dfrac{d_2}{2}$；$T_2$ 是托杯底部与螺杆端面的摩擦力矩。

若底面为环面的托杯，则：

$$T_2 = \frac{1}{4}(D_2 + D_3)fQ \tag{2-27}$$

若底面为球面的托杯，则：

$$T_2 = \frac{1}{3}fQd' \tag{2-28}$$

式中，D_2、D_3、d' 可以从结构设计中选取；f 为摩擦系数 $f = 0.05 \sim 0.08$；Q 是起重重量；S 是螺纹导程。

则螺旋起重器的效率为：

$$\eta = \frac{A_1}{A_2} \tag{2-29}$$

螺旋起重器结构示意简图如图 2-29 所示。

（二）零部件设计

1. 螺杆设计

螺杆结构简图如图 2-30 所示。

1) 公称直径 d 由耐磨性计算确定。
2) 其他尺寸依经验确定：$l_1 = 0.625d$（取整），$L' = L + H + 30\text{mm}$，$D_2 = D_4 - (2 \sim 4)$ mm，$D_3 = (0.6 \sim 0.7)d$，$D_4 = (1.7 \sim 1.9)d$。

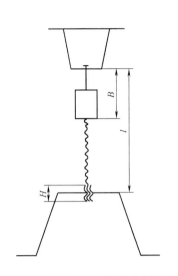

图 2-29 螺旋起重器结构示意简图

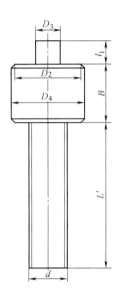

图 2-30 螺杆结构简图

2. 螺母设计

螺母结构简图如图 2-31 所示。

1) 高度 H 由耐磨性计算确定。

2) 其他尺寸的确定。

① 下部的外径 D，由以下拉伸扭转强度条件公式求得

$$\frac{1.3Q}{\dfrac{\pi(D^2-d^2)}{4}} \leqslant [\sigma] \quad (2\text{-}30)$$

一般螺母的许用应力 $[\sigma] = 0.83[\sigma_b]$，其中 $[\sigma_b]$ 为螺母材料的许用弯曲应力。

② 螺母凸缘的外径 D_1 可取为 $D_1 = (1.3 \sim 1.4)D$，再按照挤压强度条件验算：

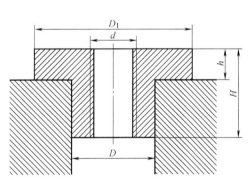

图 2-31 螺母结构简图

$$\frac{Q}{\dfrac{\pi(D_1^2-D^2)}{4}} \leqslant [\sigma_p] \quad (2\text{-}31)$$

一般许用挤压应力 $[\sigma_p] = (1.8 \sim 2)[\sigma]$。

③ 螺母凸缘高度 $h = \dfrac{H}{3}$（取整）。

3. 手柄设计

手柄安装位置结构示意简图如图 2-32 所示。

1) 计算手柄长度 l_p。扳动手柄的力矩 $T_{手柄} = F_p l_p$，应大于螺杆端面力矩 T_2 与螺纹力矩 T_1 之和，即 $T_{手柄} \geqslant T_1 + T_2$。

当起重重量为 50kN 以下，仅有一人工作时，在间歇工作情况下，一个工人的臂力 $F_p =$

150~250N,在工作时间较长的时候,可取 F_p = 100~150N。选定 F_p 即可求出 l_p。至于手柄的实际长度还需根据螺杆头部的尺寸及工人握住手柄的需要而加大。

2)按弯曲强度求手柄直径 d_p。手柄可看成悬臂梁,其弯曲强度条件为:

$$F_p l_p \leq \frac{\pi d_p^3}{32}[\sigma_b] \quad (2-32)$$

式中,$[\sigma_b]$ 为手柄的许用弯曲应力,对 Q235 和 Q275 制成的手柄 $[\sigma_b] \approx 120\text{N/mm}^2$。

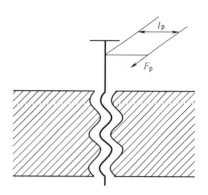

图 2-32 手柄安装位置结构示意简图

3)手柄插在螺杆头部的孔中,一端在制造时直径锻大一点,而另一端加挡圈以防止脱出。

手柄结构示意简图如图 2-33 所示。

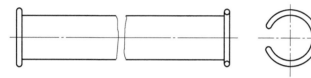

图 2-33 手柄结构示意简图

4. 托杯设计

托杯的底部结构有环面和球面两种,其结构和有关尺寸如图 2-34、图 2-35 所示。

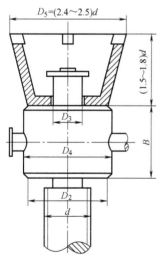

图 2-34 底面为环面的托杯

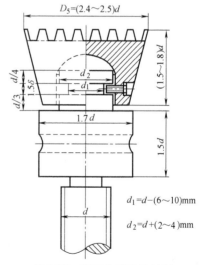

图 2-35 底面为球面的托杯

5. 底座设计

1)按经验数据确定厚度及高度 $L_{座}$:

$$L_{座} = L' + (20 \sim 30)\text{mm} \quad (2-33)$$

式中,L' 为螺杆中的尺寸。

2)按几何关系求 D_7。

3)按底面支撑材料的挤压强度确定 D_6,对于木材,许用挤压应力可取 2N/mm^2。

底座结构示意简图如图 2-36 所示。

6. 其他零件选择

1）螺母上紧定螺钉选择可由结构尺寸确定。

2）螺杆下面挡块可取直径 $D_{下挡} = d + 5mm$，厚度 $h_1 = 5mm$。挡块可选用固定螺钉与螺杆连接固定。

3）螺杆顶部挡块可取直径 $D_{顶} > D_3$，并能使托杯自由转动，厚度可取 3mm，选用螺钉与螺杆顶部固定。

螺杆上、下部挡块结构示意图如图 2-37、图 2-38 所示。

（三）绘制装配图

装配图设计时应注意机械零件的制造工艺、装配和使用等要求，结构必须合理，并符合经济原则。要注意以下事项：

1）螺母内孔端部应倒角，以便润滑。

2）螺杆的螺纹部分应考虑退刀槽（宽度 $b = 2P$，P 为螺距）。

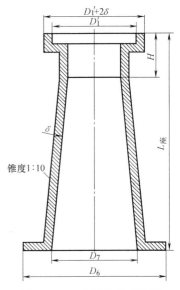

图 2-36 底座结构示意简图

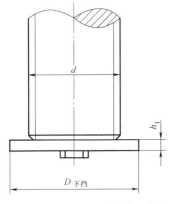

图 2-37 螺杆下挡块结构示意图

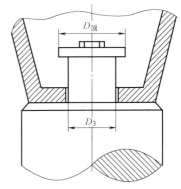

图 2-38 螺杆上部挡块结构示意图

3）螺母与底座配合处，要考虑对中条件好，因此螺母凸缘的外径要比底座内径大（即 $D_1 > D$），同时底座内孔要倒角。

4）考虑铸造的可能性，底座的厚度不应小于 8mm，并且力求厚度均匀，以免产生铸造应力。

5）其他未计算尺寸，由结构需要自行决定。

6）装配图标题栏如图 2-39 所示。

（四）整理编写设计计算说明书

1）将全部计算过程整理编写成设计计算说明书，要求步骤清楚，条理分明，文字整洁，字体工整，结论明确，用黑色签字笔书写。

2）说明书不必写整个计算的繁琐过程，只需先列出计算式，然后代入数据，最后写结果（注明单位）。同时在设计计算中引用的资料或参数，一定要注明其引证的来源和表号（资料可用代号 [1]、[2]、…）以便审阅。

3）说明书用学校统一印刷的专用纸书写，编写页码，连同封面装订成册。

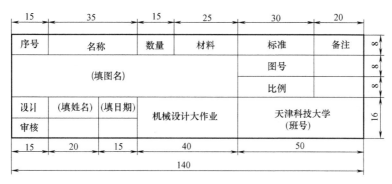

图 2-39 装配图标题栏

五、设计计算说明书内容

设计说明书内容包括：
1）设计题目（包括题目、原始材料、设计内容）。
2）设计计算。
3）结构设计。
4）设计参考资料。

六、时间安排

1）布置设计作业 2h，然后利用课外时间完成（每周用 3h）。
2）完成时间：五周时间。

第3章

机械创新设计实验

3.1 慧鱼创意组合设计、分析实验

一、实验目的

本实验主要基于慧鱼创意模型系统（fischertechnik）。实验的目的是通过让学生学会动手组装模型机器人和建造自己设计的有一定功能的机器人模型产品，使学生体会创意设计的方法和意义；同时通过创意实验，使学生了解一些计算机控制、软件编程、机电一体化等方面的基础知识，加深对专业课学习的理解，为后续课的学习做一个很好的铺垫。

二、实验设备介绍

1. 慧鱼创意模型系统的组成

慧鱼创意模型系统（fischertechnik）硬件主要包括：1000多种的拼插构件单元、驱动源、传感器、接口板等。

（1）拼插构件单元　系统提供的构件主材料均为优质的尼龙塑胶，辅材料有不锈钢、铝合金等。构件采用燕尾槽插接方式连接，可实现六面拼接，多次拆装。系统提供的技术组合包中机械构件主要包括：连杆、链条、齿轮（普通直齿轮、锥齿轮、斜齿轮、内啮合齿轮、外啮合齿轮）、齿轴、齿条、蜗轮、蜗杆、凸轮、弹簧、曲轴、万向联轴器、差速器、齿轮箱、铰链等。

（2）驱动源

1）直流电动机驱动（9V、最大功率1.1W、转速7000r/min），由于模型系统需求功率比较低（系统载荷小，需求功率只克服传动中的摩擦阻力），所以它兼顾驱动和控制两种功能。

2）减速直流电动机驱动（9V、最大功率1.1W，减速比50：1/20：1）。

3）气动驱动包括：储气罐、气缸、活塞、电磁阀、管路等元件。

（3）传感器　在搭接模型时，可以把传感器提供的信息（如亮/暗、通/断、温度值等）通过接口板传给计算机。系统提供的传感器作为控制系统的输入信号包括：

1）感光传感器——光电管（Brightness sensor）：对亮度有反应，它和聚焦灯泡配合使用，当有光（或无光）照在上面时，光电管产生不同的电阻值，引发不同信号。

2）接触传感器——触动开关（Contact sensor）：如图3-1所示。当按钮按下，接触点1、

3接通，同时接触点1、2断开，所以有两种使用方法。①常开，使用接触点1、3，按下按钮=导通，松开按钮=断开。②常闭，使用接触点1、2，按下按钮=断开，松开按钮=导通。

3）热传感器——NTC电阻（Thermal sensor）：可测量温度。温度20℃时，电阻值1.5kΩ。NTC的意思是负温度系数，温度升高电阻值下降。

图 3-1 触动开关原理示意图

4）磁性传感器（Magnetic sensor）：非接触性开关。

5）红外线遥控装置：红外线遥控装置由一个强大的红外线发射器和一个微处理器控制的接收器组成，有效控制范围是10m，分别可控制三个电动机。

（4）接口板 自带微处理器，程序可在线和下载操作，采用LLWin3.0或高级语言编程，通过RS232串口与计算机连接，四路驱动信号输出，八路数字信号输入，两路模拟信号输入，具有断电保护功能，两接口板级联可实现输入、输出信号加倍。

（5）PLC接口板 实现电平转换，直接与PLC相连。PLC接口板自带微处理器，通过串口与计算机相连。在计算机上编的程序可以移植到接口板的微处理器上，即可以不用计算机独立处理程序（在激活模式下）。

（6）慧鱼创意模型系统ROBPRO软件 ROBPRO软件是一款图形编程软件，简单易用，实时控制。用PLC控制器控制模型时，采用梯形图编程。其编辑程序的最大特点是使用系统提供的工具箱中的功能模块就可以建立控制程序（无需其他高级计算机语言做支持），图标式的功能模块简单易懂。模型可用计算机、PLC或单片机进行控制。

2. 控制元件基本原理——控制元件的种类、基本原理、功能及使用

在模型机器人的组装过程和控制过程中常会遇到的几种主要控制单元和其简单的工作原理介绍如下。

（1）气动元件相关知识 在组装气动机器人时会用到气缸作为执行机构，气缸中的空气可以被压缩，压缩得越大，气缸里的压强越大。压强单位是Pa，压强的计算公式：

$$P = \frac{F}{A} \tag{3-1}$$

式中，P为压强；F为压力；A为面积。

（2）气动活塞（气缸） 运动原理如图3-2所示。图中：A、B为进出气口，可与气管连接；C、D为活塞、活塞杆（活塞与活塞杆连接）；E、F为气缸壁、密封圈。

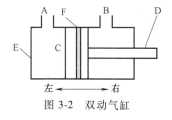

图 3-2 双动气缸

活塞C可以在封闭的气缸壁E内运动。当A口进气，B口出气时，活塞杆D右移；A口出气，B口进气时，活塞杆D左移。

（3）压缩机 压缩机由三部分组成：电动机驱动、空气压缩气缸、储气罐。其工作原理：电动机带动曲柄轴转动，活塞杆与曲柄轴连接，使电动机的旋转运动转变为活塞杆的左右往复运动。活塞杆向右运动时，A口吸入空气，当活塞杆向左运动时，将压缩空气压入储气罐。

（4）手动液压控制阀 手动液压控制阀如图3-3所示。中间的接头P是进气口，左右两个接头A和B则用气管连接到气缸。下面的接头R是放气口，用来释放从气缸排出的气体。

这种阀还有三个切换位置（左-中-右），在气动学中，称之为四通三位阀。

图3-4所示为不同开关位置时，进气阀的回路图。

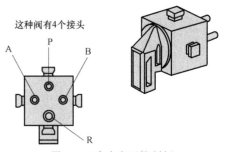

图3-3 手动液压控制阀

（5）传感器 传感器作为一种"感应"元件，可以将物理量的变化转化成电信号，作为输入信号传给计算机，经过计算机处理，达到控制执行元件的目的。

1）接触传感器。通常作为数字传感器的开关（触动开关）。简单的逻辑电平0和1可以用一个开关来描述。当触动开关被按下与松开时，在电路中意味着导通与断开，在逻辑电路中就意味着0和1两种状态。触动开关的工作原理如图3-5所示：触点1与按钮的机械结构是杠杆机构，在切换动作中，当按下按钮，触点切换发出轻微的滴答声时，可以清晰地感到一个压力点，当触点1与触点2断开时与触点3接通。如果慢慢地松开开关，必须让杠杆充分地回位，机械开关接通和断开的位置之差称为滞后。触点或其他电子开关的切换滞后是一个重要的特性。如果不存在滞后作用，在开关上的微小抖动就会导致一些意想不到的触头动作，可能导致不可预测的事件。这里的开关设计成了一个过变型开关。

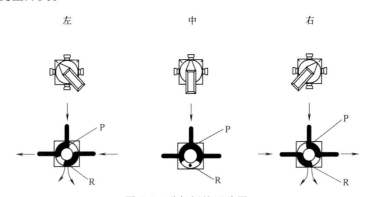

图3-4 进气阀的回路图

作为输入模块（INPUT），0—表示按钮没有按下，1—表示按钮已被按下；

作为脉冲模块（Edge），0—1或1—0切换，称之为触发沿。图3-6所示为触发信号示意图。

图3-5 触动开关工作原理图　　　　图3-6 触发信号示意图

2）感光传感器。利用光电效应原理制成，用光电晶体管检测光线。光电晶体管是一种半导体器件，其电气特性取决于光线。一个常见的晶体管有三个极：基极b、发射极c、集电极 e，如图 3-7 所示，其主要功能在于放大弱电信号。流进晶体管基极的弱电流，可以在集电极产生大得多的电流，电流放大系数可以达到 1000 倍以上。慧鱼模型使用的光电晶体管可以理解为一个光电池和晶体管的组合，光电池负责将光信号变成弱电信号，晶体管承担放大电流的功能。

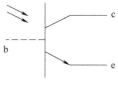

图 3-7　光电晶体管

光电晶体管既可以用作数字传感器，也可以用于模拟传感器。在第一种情况下，它作为检测光线明暗的转换（0-1），作为数字传感器工作；第二种情况下，它可以分辨光线的强弱，可作为模拟量传感器来工作。

3）超声波距离传感器。反映传感器与障碍物的距离，测量距离约为 4m，相应的检测数值以 cm 为单位在程序检测界面显示。直接将其连接到 D1 或 D2 端即可。

4）颜色传感器。不同颜色表面的反射光波长不同。以 0~10V 电压的形式输出。反射光的强弱与环境光、物体表面与传感器的距离等因素有关。可以在程序检测界面的 A1 或 A2 中得到相应 0~1000 的数值。传感器的一端接到信号 A1 或 A2 端，另一端接到 9V 电源端及公共端。

5）轨迹传感器。可以寻找到白色表面的黑色轨道。传感器检测表面应为 5~30mm，它包含两个发射和两个接收装置，连接该传感器需要有两个数字量输入端和 9V 电源端。

（6）白炽灯　用作信号输出。白炽灯用来输出简单的光信号，称为光执行器。白炽灯结构非常简单，钨丝在真空玻璃中由两极引出，电流流过灯丝，钨丝加热直到变白。用白炽灯作光源，晶体管就能分辨出由不同波长的光反射而成的彩色光信号。慧鱼组合包里的白炽灯有一个显著的特点，光线在玻璃灯泡中被集中，这样就提高了光线的聚焦性，而且能够更准确地检测光信号。

（7）直流电动机　作为动力源。模型系统中，直流电动机是重要的执行器。直流电动机由一个旋转的转子和一个固定的定子组成，转子原理上可以理解为一个处在定子磁场中的导体线圈，如果电流流过线圈，就产生了转矩，可以使导体在磁场中移动。很多直流电动机用永磁铁物质来产生所需的磁场，叠成定子的磁板。电流是用滑动连接电刷传到转动的转子上的，这些电刷使同一时间在线圈的电流反向，以使旋转运动不会中断。正常电动机的转速为每分钟几千转。

模型系统的更多内容请见实验室提供的设备说明书和模型样本。

三、实验内容及任务

创意设计实验由两个实验模块组成，其模块间的关系如图 3-8 所示。

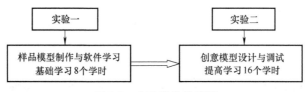

图 3-8　实验模块关系图

1. 样品模型制作与软件学习

创意模型系统提供了以下样本模型，供初学者看图制作，实现对机器人模型的计算机控制。

（1）机械与结构组合包　认识汽车内的动力传动方式；汽车中的档位变换——剖析变速器，各个档位的变速比计算；汽车转向的实现——转向装置的结构；后轮驱动与四轮驱动；差动齿轮的工作原理。

（2）电子技术包　通过电子控制和机械结构的结合，拼接成体现电子控制技术的各种模型，让学生了解电子技术的相关原理和工作过程。典型模型有：电梯，交通指示灯，自动烘手机，防盗报警系统，自动分配器。

（3）机器人技术入门包　主要传授机器人控制入门知识。通过说明书的指导，学生能在很短的时间里组合八种模型，其中有烘手机、停车场栏杆控制器、焊接机器人等。模型和PC是通过智能接口板连接起来的，能很方便、很快速地用图形化编程语言 ROBO Pro 对模型编程。该组合包包含数量众多的 fischertechnik 构件、马达、灯泡、传感器及齿轮箱。通过编程可控制红绿灯、移动门、自动冲压机、停车栏杆等模型。

（4）工业机器人　提供模型包括翻转机、柱式机械手、全自动焊接机、四自由度机械手等。模型在工业加工中都可以找到原型，可以实现工件翻转、运送、焊接的各个过程。这四种模型既可单独使用，也可联合起来，组成一套闭环加工系统。

（5）气动机器人　提供模型包括气动门、分拣机、加工中心等，通过计算机编程控制各类气动元件的组合动作，完成工件的传递、加工、转移、归类等系列动作。

（6）移动机器人　模型包括可检测边沿的机器人，躲避障碍的机器人，光线追踪机器人，AGV小车，电子飞蛾，无人驾驶运输系统。小车可追踪光源、轨迹，两个大功率电动机分别控制两个前轮，实现前进、后退及转向动作。

（7）仿生机器人　仿生技术是一门新兴技术，通过模拟自然界万事万物的运动方式，提高各种实用机器的速度和效率。慧鱼创意组合模型也将注意力转向了这一领域。运用智能接口板、LLWin软件，结合四连杆机构开发出了各种活灵活现的仿生机器人。如模仿甲壳虫、螃蟹等动物，用四条腿或多条腿来行走，通过软件编程控制，不仅可以前后左右运动，而且还能躲避障碍物。

（8）探索机器人　很多领域需要用到机器人来完成测量距离、追踪轨迹等任务。探索机器人拥有很多传感器，能做许多的事情。负温度系数传感器、光敏传感器、超声波距离传感器、红外线传感器、彩色传感器以及特殊的轨道传感器都是它的标准装备。在两个大功率电动机和履带驱动的作用下，即使崎岖不平的路面也可畅行无阻，完成给定的任务。作为一种模型，还包括一个鸣蜂器，并可改装为营救机器人。

（9）实验任务　此实验模块主要以熟悉系统功能为主要任务，在一定时间段内完成模型的组装，实现模型的全部逻辑运动，并能编写简单的控制程序，理解机器人的工作原理。本次实验搭接以下六种模型：工业革新组合包、电子气动组合包、机械演绎组合包、探索机器人组合包、电子技术组合包、工业机器人组合包。

（10）实验方法与步骤

1）针对所选用的模型包类型，根据实验室提供的模型范例拼装图册，检查所用模型包内零件的完整性。

2）在进行模型的每一步搭建之前，找出该步所需的零件，然后按照拼装图把这些零件一步一步搭建上去。在每一步的搭建基础上，新增加的搭建部件会用彩色显示，已完成的搭建部分则为白色。

3）按拼装顺序一步一步搭建。注意需要拧紧的地方（如轮心与轴）都要拧紧，否则模型就无法正常运行。

4）模型完成后，检查所有部件是否正确连接，将执行构件或原动件调整在预定的起始位置，实现模型的全部逻辑运动。

5）借助《机器人技术软件手册》，学习手册中所介绍的程序范例来迅速掌握ROBOPro软件的功能及操作，也可以根据自己的需要来修改或扩充这些范例程序。

6）实验完毕后必须整理所使用模型包中零件并清点数量，向实验指导教师报告模型包的完好情况，然后将模型包及实验资料锁进抽屉。特别提醒：实验过程中不能丢失任何零件。若有丢失，照价赔偿。

（11）实验考核　演示操控模型，提交实验报告。

2. 创意模型设计与调试

（1）实验方法与步骤

1）根据教师给出的创新设计题目或范围，经过小组讨论后，拟定初步设计方案。

2）将初步设计方案交给指导教师审核。

3）审核通过后，按比例缩小结构尺寸，使该设计方案可由慧鱼创意组合模型进行拼装。

4）选择相应的模型组合包。

5）根据设计方案进行结构拼装。

6）安装控制部分和驱动部分。

7）确认连接无误后，上电运行。

8）必要时连接计算机接口板，编制程序，调试程序。步骤为：先断开接口板、计算机的电源，连接计算机及接口板，接口板通电，计算机通电运行。根据运行结果修改程序，直至模型运行达到要求。

9）运行正常后，先关计算机，再关接口板电源。然后拆除模型，将模型各部件放回原存放位置。

（2）实验考核　演示操控模型，提交实验创意报告。

四、ROBOTICS TXT 接口板介绍

1. 概述

ROBOTICS TXT 接口板可以使计算机和模型之间进行有效的通信，如图3-9所示。它可以传输来自软件的指令，如激活马达或者处理来自各种传感器的信号。

2. 控制板接口功能介绍

（1）USB—A 端口（USB—1）　USB 2.0 主机接口，连接诸如慧鱼USB摄像头等设备。

（2）EXT 扩展接口　连接额外的ROBOTICS TXT控制板，用以扩充输入、输出接口。另外可以作为12C接口，连接12C扩展模块。

（3）Mini USB 端口（USB—2）　USB 2.0 端口（兼容USB1.1）用于连接计算机，控制板包装中包含 USB 数据线。

（4）红外接收管　红外接收管可以接收来自慧鱼控制组件包中遥控器的信号，这些信

号可以被读入到控制程序中。这样，控制器就可以远程控制 ROBOTICS 系列模型。

（5）触摸屏　彩色触摸屏可以显示控制器的状态，如程序是否加载。通过触摸屏可以选择并且打开或关闭功能和程序。当程序运行时，可以查看变量或模拟量传感器的数值。

（6）Micro SD 卡插槽　Micro SD 卡可以插入控制板，用以提供额外的存储空间。

（7）9V 可充电电池接口　这个接口可以为模型提供一个移动电源。

（8）9V 直流开关电源接口　可以连接直流开关电源。

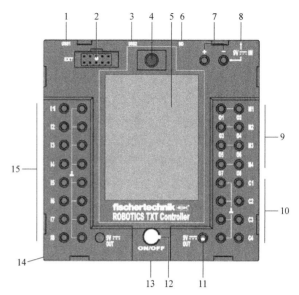

图 3-9　ROBOTICS TXT 接口板

（9）输出端 M1～M4 或 O1～O8　总共可以将四个双向电动机连接到控制板。也可以连接八个电灯或电磁铁（或单向电动机），其中另外一个接口连接到数字接地端口（⊥）。

（10）输入端 C1～C4　快速脉冲计数端口，最高脉冲计数频率可达 1kHz（每秒 1000 个脉冲信号），如慧鱼带编码器的电动机的编码器信号。还可以作为数字量输入端使用，如微动开关。

（11）9V 输出端　为各种传感器提供工作电压，例如，颜色传感器、轨迹传感器、超声波距离传感器、编码器。

（12）ON/OFF 开关　开启或关闭控制板。

（13）扬声器　播放储存于控制板或 SD 卡中的声音文件。

（14）纽扣电池仓　TXT 控制器包含实时时钟（real-time clock）模块，该模块由一个 CR2032 纽扣电池供电。控制板可以输出时间数据。当电池没电后，应当打开电池仓盖，并更换新电池。

（15）通用输出端 I1～I8　这些都是信号输入端，在 ROBO Pro 软件下，可以被设置为：

1）数字量传感器：微动开关、干簧管、光敏晶体管。

2）红外轨迹传感器：数字量 10V。

3）模拟量电阻类传感器：NTC 电阻、光敏电阻、电位计。

4）模拟量电压类传感器：例如，颜色传感器，数字量 0～10V，显示测量到的电压（单位为 mV）。

5）超声波距离传感器：显示测量到的与前方障碍物的间距（单位为 cm）。

五、图形化的编程语言 ROBO Pro 软件相关基本知识

1. 软件程序的作用

当操作者将制作好的机器人模型与智能接口板、电源和计算机连接好以后，它们彼此之间就建立了一种联系（或称为通信）。机器人上的状态信号通过接口板传递给计算机，人们

的控制意图也要通过计算机,再通过接口板传递给机器人,以达到控制和自动化的目的。计算机就需要有一种能力和方式接受和处理这些信息,其能力的体现靠计算机硬件支持,而方式的体现就依赖软件来解决。

2. 安装 ROBO Pro

(1) 安装 ROBO Pro 的系统要求　微软视窗操作系统 Windows XP、Vista、7 或 8。此外还需要一个空闲的 USB 接口,用以连接 ROBOTICS TXT 控制板、ROBO TX 控制板或 ROBO 接口板。

(2) 安装步骤

1) 首先,启动计算机登录操作系统。控制板只有在软件正确安装后才能与计算机相连。将安装光盘插入光驱,安装程序就自动启动了。

2) 在安装程序第一个欢迎窗口中,操作者只需单击"下一步(NEXT)"按钮。

3) 第二个窗口是"重要提示",包括重要的程序安装和程序本身更新提示。这里也只需单击"下一步(NEXT)"按钮。

4) 第三个窗口是"许可协议",显示 ROBO Pro 的许可契约。操作者必须单击"YES"接受协议并单击"下一步(NEXT)"进入下一个窗口。

5) 下一个窗口是"用户详细资料",需要输入操作者的名字等信息。

6) 下一个窗口是"安装"类型,允许操作者在"快速安装"和"自定义安装"中选择。在自定义安装中,操作者可以选择单个组件来安装。如果操作者是在旧版本的 ROBO Pro 基础上安装新版本的 ROBO Pro,而且已经修改了旧版本的范例程序,则可以选择不安装范例程序。如果操作者不这么做,那么已经修改过的旧版本范例程序会在没有提示的情况下被自动覆盖。如果选择"自定义安装"并单击"下一步(NEXT)",会出现一个新的选择组件窗口。

7) 在"安装目标目录"窗口,允许选择 ROBO Pro 的安装路径。默认路径是"C:\Programs\ROBO Pro"。当然,操作者也可以选择其他路径。

8) 到达最后一个窗口,单击"Finish"按钮,安装就完成了。安装一旦结束(一般需要等几秒钟),程序会提示安装成功。如果安装有问题,会有错误信息出现,帮助操作者解决安装问题。

3. ROBO Pro 用户界面

程序启动后,操作者会看到如图 3-10 所示用户界面。窗口中有一个菜单栏和工具栏,上面有各种操作按钮,左面的窗口里还有各种不同的编程模块。如果在左边出现了两个层叠的窗口,那么 ROBO Pro 没有设定为"级别 1"。为了让 ROBO Pro 功能适应操作者知识的增长,ROBO Pro 可以设定在"级别 1"的初学者和"级别 5"的专家级之间。

打开"Level"菜单看是否有标识为"级别 1:初学者(Level 1:Beginners)"。

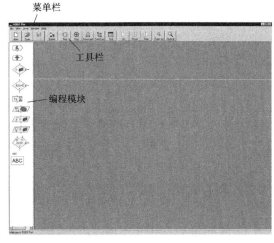

图 3-10　ROBO Pro 软件初始操作界面

如果未标识，可切换到"级别1"。

4. 编程前的简短硬件测试（重要提示）

必须先连接好接口板，检查硬件连接是否正确。

为了使计算机和接口板的连接工作正常，ROBO Pro 必须对当前使用的接口板进行设置。在工具栏中选择 ，弹出图 3-11 所示窗口，选择与计算机的连接端口和接口板的类型。

一旦确定了适当的设置，单击"OK"，关闭窗口。然后，可以单击工具栏中的 按钮，打开控制板测试窗口，如图 3-12 所示。

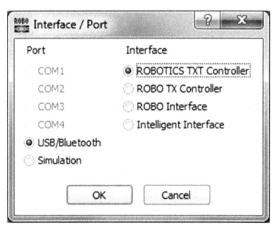

图 3-11　选择接口板端口　　　　　　图 3-12　"测试接口板"窗口

该窗口显示了在接口板上可用的输入、输出端口，底下的绿条指示接口板与计算机之间的连接状态。

5. 检查接口板各输入和输出端口

连接没有问题后，需要检查接口板和所连接的模型状态。

（1）通用输入 I1~I8　I1~I8 是 ROBOTICS TXT 控制板和 ROBO TX 控制板的通用输入端。这里可以连接各种传感器，包括数字量传感器和模拟量传感器。可以根据要连接的设备设置通用输入端口。

数字量输入只有两种状态：0 和 1，或者 Y 和 N。默认情况下，所有通用输入都被设置为数字量 5kΩ 模式。开关（微动开关）、光电晶体管（光电传感器）或者干簧管（磁传感器）可以作为数字量输入来连接。

操作者可以将一个迷你微动开关接到控制板上，如 I1，来检查这些端口的功能（用开关上的触点 1 和 3）。一按下开关，I1 的显示窗口会出现一个检查标志。如果用另一种方式（触点 1 和 2）连接了开关，当按下开关的时候检查标志就消失了。

（2）数字量 10V 模式　用于红外轨迹传感器。

（3）模拟量 10V 模式　可以用于测量 0~10V 的电压，如电池的电压，数值单位为 mV（毫伏）。

（4）模拟量 5kΩ 模式　可以用于 NTC 电阻测量温度、光敏电阻测量光强度，数值单位为 Ω（欧姆）。

(5) 距离模式   用于超声波距离传感器。对于 ROBOTICS TXT 传感器和 ROBO TX 传感器，只有三线的超声波距离传感器才能使用。

(6) 计数输入 C1~C4   这些输入端口可以用来测量快速脉冲，测量频率可达 1kHz。同样这些端口也可以作为数字量输入端（不适用于轨迹传感器），如果将微动开关连接到这些端口，每次按动按钮（1个脉冲）将会增加1个计数。这可以计机器人跑动特定的距离。

(7) 电动机输出 M1~M4   M1~M4 是控制板的输出，这里可以连接所谓的执行器，可以是电动机、电磁铁或者灯。这四路电动机输出可以改变方向和速度。速度用滑块控制，可以选择用粗略的八级调速或精确的512级调速。在级别1和级别2下，只能使用八级调速，从级别3开始，可以使用512级调速，速度数值可以在滑块旁显示。如果要测试输出，可以将一个电动机接到输出端，如 M1。

(8) 灯输出 O1~O8   每个电动机输出也可以用作一对单个的输出。这些输出不仅可以用作灯的控制，也可以用作单向电动机的控制（如传送带电动机）。如果要测试其中一个输出，可以将灯的一端接到输出，如 O1，将灯的另一端接到控制板的接地插孔（⊥）。

(9) 扩展板   额外同种类型的控制板或扩展模块也可以连接到控制板（请查看具体设备的使用手册）。

6. 设计控制程序

(1) 创建一个新程序   单击工具栏中的 按钮，即可建立一个新程序。在菜单栏中选择相应级别。

(2) 控制程序的模块   ROBO Pro 是一个能创建、测试控制程序的功能强大的软件，并且支持编程模块化，简单易学。在功能模块工具箱中有18个功能模块，如图3-13所示。

(3) 插入、移动和修改程序模块

1) 插入程序模块：把鼠标移到想使用的程序模块的符号上，并单击左键。然后把鼠标移到程序窗口内（即白色的大区域），再单击一次。也可以通过按住鼠标键把程序模块拖入程序窗口。程序总是起始于一个"开始"模块。

程序流程图中的下一个模块可以为其他多种功能模块，并按照其不同状态进入不同的分支。在模块窗口中，用鼠标单击要选择的模块，并将其移动到之前插入的"开始"模块下。如果分支模块的上部输入端在"开始"模块下部输出端的下方一两个空格处，那么程序窗口中会出现一条连接线。如果再次单击左键，则分支模块会被插入，并自动与"开始"模块连接。

2) 移动程序模块和组：可以通过按住鼠标左键，将一个已插入的程序模块移动到理想的位置。如果想将多个模块同时移动，可以按住

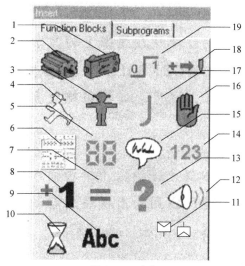

图 3-13　功能

1—"输入"功能模块　2—"输出"功能模块
3—"结束"功能模块　4—"开始"功能模块
5—"显示"功能模块　6—"终端"功能模块
7—"赋值"功能模块　8—"变量"功能模块
9—"文本"功能模块　10—"延时"功能模块
11—"子程序入口/子程序出口"功能模块
12—"发声"功能模块　13—"比较"功能模块
14—"显示值"功能模块　15—"信息"功能模块
16—"紧停"功能模块　17—"复位"功能模块
18—"定位"功能模块　19—"脉冲"功能模块

鼠标，沿着这些模块的外围画出一个框。具体做法是：在空白区域单击左键，并按住左键不放，用鼠标画出一个包含了所需模块的矩形区域。在此矩形区域中的模块将会显示出红色的边框，只要用鼠标左键移动这些红色模块之中的一个，所有的红色模块都被同时移动。还可以用左键单击单个的模块，同时按住<Shift>键，来选中多个模块。如果将左键在空白区域单击，所有的红色标记的模块全部都会回到原来的位置。

3）复制程序模块和组：有两种方法复制程序模块和组。一种方法和移动模块差不多，只是在移动前必须先按住键盘上的<Ctrl>键不放，直到移到了指定位置。此时，模块并未被移动，而是被复制了。但是，只能用这种方法将模块复制到同一个程序中。如果希望将模块从一个程序复制到另一个程序中，则可以使用窗口中的剪贴板。首先用移动模块的方法，选中一些模块，然后同时按下键盘上的<Ctrl>和<C>键，或者在编辑菜单中选择"Copy"，于是所有的已选模块都会被复制到窗口中的剪贴板上。接着操作者可以切换到另一个程序中，并通过同时按下键盘上的<Ctrl>和<V>键，或者在编辑菜单中选择"Paste"，在新程序中插入模块。一旦模块被复制，操作者可以无数次地粘贴它们。如果想将模块从一个程序移动到另一个，可以在第一步时，同时按下键盘上的<Ctrl>和<X>键，或者在编辑菜单中选择"Cut"，而非<Ctrl>和<C>键，或"Copy"。

4）删除模块和撤销功能：删除模块很容易。可以通过按下键盘上的"Delete"键（Del），删除选中的模块。同样也可以用"Delete"删除单个模块。具体做法是，首先在工具栏中单击 按钮，然后在要删除的模块上单击。删除后可以利用撤销功能恢复已被删除的模块。使用该功能，可以撤销对程序所做的任何改动。

5）编辑程序模块的性能：如果用鼠标右键单击程序窗口中的程序模块，会出现一个对话框，操作者可以在对话框中改变模块的各种属性。分支模块的属性对话框如图3-14所示。

在I1~I8的选项中，操作者可以选择所要查询的控制板的输入端。C1D~C4D对应相应作为数字量端口的计数输入端，M1E~M4E允许查询ROBO Pro的内部输入。

在传感器类型（Sensor type）下拉列表中，可以选择与输入端相连的传感器。数字量输入最常用的是微动开关，也经常使用光电传感器或干簧管开关。自动选择传感器需要使用ROBOTICS TXT控制板和ROBO TX控制板的I1~I8通用输入。

在改变1/0位置（Swap 1/0 branches）选项组中，可以交换分支出口1与分支出口0的位置。通常出口1在下方，出口0在右边。但有时让出口1在右边更实用。选中"Swap 1/0 branches"，则一旦单击"OK"并关闭窗口，连接1与0就会立即更换位置。

小贴士：

如果使用微动开关的一对常开触点，1端与3端，则一旦按下开关，程序将连接分支1，而非分支0。

如果使用微动开关的一对常闭触点，1端与

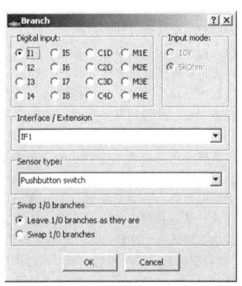

图3-14 模块的属性对话框

2 端，则一旦按下开关，程序将连接分支 0，而非分支 1。

（4）程序的调试及下载　程序编好之后可先在线运行，以便调试。如图 3-15 所示，单击工具栏中的 ⬤ 按钮运行程序。在线运行可以在屏幕上追踪程序的进程，正在运行的程序步骤会以红色显示，操作者可据此观察程序运行过程，调试程序。

在线方式下，还可以通过按 ⏸ （暂停）按钮来停止程序或继续执行程序。该按钮非常实用，因为它可以使操作者在不停止程序的情况下，得到一些有关模型的数据和资料。对于正试图理解程序运作原理的操作者而言，暂停按钮十分有用。

步进按钮 ⏭，可以一个模块一个模块地分步执行程序。每次只要按下步进按钮 ⏭，程序就会自动转入下一个程序模块。如果需要执行时间延迟或等待模块，该按钮还可以使程序向下一个模块转换的时间延长。

如需中断程序可单击工具栏中的 ⬤ 按钮。

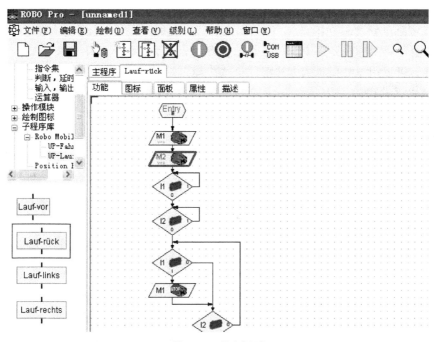

图 3-15　程序调试

如果调试程序无误，并且确保接口板与计算机的端口连接正确的话，即可单击工具栏 ⬤ 按钮进行程序下载。在线操作中，程序是由计算机执行的。在此模式下，计算机将控制指令，如"起动电动机"传送到接口板。为此，只要程序运行，控制板必须与计算机相连。而在下载操作中，程序是由控制板自己执行的，计算机将程序存储在控制板中。一旦完成，计算机与控制板之间的连接就可以断开了，此时控制板可以独立于计算机执行控制程序。下载操作十分重要，例如，在为移动机器人编程时，计算机与机器人是分开工作的，机器人一定是独立于计算机执行控制程序。尽管如此，控制程序也应该首先在在线模式下测试，因为更容易发现错误。一旦完全测试完毕，程序就可以下载到控制板。使用 TX 控制板下载时，USB 数据线可以被蓝牙代替，使用 TXT 控制板时，还可以用 WiFi 的方式下载。如此一来，模型在在线操作下也可以活动自如了。下载模式时系统弹出如图3-16所示窗口。

选择存储区域、运行程序形式等相关项目之后单击"确定"即进入下载过程。下载完成系统将给予提示。此时用户即可断开计算机与接口板之间的连线，在下载模式下运行慧鱼模型了。

六、常见故障排除

实验是有趣的，因为所有的东西都运转起来了。大多数时间是这样的，但也有不顺畅的时候。只有当模型不正常行走时，操作者才会反省自己是否真正理解了机械结构，是否能很快地找出症结所在。出现机械故障时，能比较直观地用眼看到（装配错误）或者感觉到（移动困难）。但如果是电气方面的问题同时发生，那就有些棘手了。

图3-16 程序下载

通常检查电路问题有一些专门的工具，如万用表或示波器，可并非每个人手边都有这些工具。因此，可以用一些简单的方法解除这些故障，修复模型。

1. 制作电器连线

实验开始前，应准备一些慧鱼创意组合模型的构件，如电源接头、电线等。首先，把电线按一定尺寸截断，然后在电线两端剥去塑料皮，弯折后插入接头固定。每个连接做好后，都要用电池和灯泡检测一下。如果通电后，灯泡亮，连线就没问题。再检查标记颜色处是否准确，红色接头接红线，绿色接头接绿线。

2. 接口板检测

如果连接模型后，程序（甚至是范例程序）不能控制模型，则要进行接口板的检测。这一步对于分别检测输入、输出情况非常有效。传感器正常么？电动机是否按照正确方向旋转？所有的移动机器人的电动机都是按照同一种方式连接的，即旋转方向为逆时针时，车轮或机器人的腿向前移动。如果电气连接没问题，那么就要排除机械故障。

3. 接触不良

接触不良有以下两种情况：

1）金属插头和插座松动。解决办法：用螺钉旋具把金属头撑大一点，注意不要太用力，调整到能和插座紧密接触即可。

2）插头连接电线处松动。解决办法：拧紧固定螺钉，并检查铜线是否有折断。

4. 短路

发生短路时，电流过大或温度过高，电池组的内置熔丝会切断电路，保护接口板和电池不受损坏。接口板的输出端口过热、过流，电路也会自动切断。可能导致短路的原因：

1）电源正负极直接连接了。

2）输出负载损坏。

3）不同连接头之间的固定螺钉接触上了。

解决方法：切记电源正负极不能直接连接；保证输出负载的完好无损；确保固定接头的螺钉拧到位。

5. 电源

如果在运行过程中程序总发生莫名其妙的中断,这可能是由电源引起的。原因是输出加上负载后(如起动电动机)引起了工作电压瞬间下降,这就会引起接口板处理器的重新启动。ROBO TXT 接口板的红灯 LED 亮起,说明电源的电压已经很低了,电池需要充电了。

6. 编程错误

如果错误出在操作者自己编写的程序中,而又无法解决,为保险起见,可以调用一个和现有程序非常接近的范例程序,通过比对就能排除故障。在线模式下可以追踪屏幕上的程序流程,如果程序在某一点堵塞了,那就是该寻找原因的地方。有可能选择了一个错误的输入或输出,或者在分支查询了一个不正确的数值,或者 Y/N 连接转变了。

3.2 便携式机械系统创意组合设计、分析实验

一、实验目的

1)通过机械传动系统的创新设计和安装实训,进一步加深对机械传动系统的结构组成与性能特点的理解。

2)让学生多接触实际事物,使教学活动和生产实际紧密地联系起来,增强学生感性认识,加深对理论知识的理解。

二、实验设备及工具

1. 实验台结构

便携式机械系统创意组合设计、分析实验台如图 3-17 所示。该实验台根据"机械原理"和"机械设计"课程教学的需要,配备了齿轮机构(圆柱齿轮、锥齿轮)、平面连杆机构(曲柄摇杆机构、曲柄滑块机构)、槽轮机构、带传动、链传动、联轴器、离合器及安装平台。

2. 实验台功能及特点

在便携式机械系统创意组合设计、分析实验台基础上,增加了直线传感器及角位移传感器,并配有专用传感器支架,其特点:

1)实验台是一种方便携带的开放性的实验装置,可供机械类和近机械类专业开设机械传动系统创新综合实验。

2)实验台装有九级变速箱,可以输出九种不同的转速,同时可改变转动方向。

图 3-17 便携式机械系统创意组合设计、分析实验台

3)实验台配有齿轮传动机构、带传动机构、链传动机构、槽轮机构、曲柄摇杆机构、曲柄滑块机构、凸轮机构等。可拼装单一传动系统或各种组合机械传动系统。

4)实验台提供十种典型组合机械传动机构拼装方案,方便进行快速搭接组合,且可随意在安装位置允许的情况下,进行新的组合。方便学生进行机械传动方案创新设计,拼装可实现不同运动要求的机械传动系统,培养学生的创新实践能力。

5)除配有单相交流减速电动机外,实验台还配备了手轮,可实现手动驱动方式,方便学生安装调试或进行手动的机械系统运转。

3. 实验工具

活 扳 手	6″	1把
双头呆扳手	10~12mm	1把
内六角扳手	2.5mm、3mm、4mm、6mm	各1把
十字螺钉旋具	150mm	1把
角 尺	300mm	1把

三、实验内容及方法

1. 单一传动系统拼装搭接

(1) 九级变速传动机构搭接 如图 3-18 所示,实验台九级变速机构已经组装好。在组装时应注意各轴的相互平行,对平行度的要求较高。如果组装时各轴之间不平行,就会产生运动不灵活的现象,所以组装时要认真、细心的进行反复调整。

(2) 锥齿轮传动机构搭接 如图 3-18 所示,两个锥齿轮在安装时要注意轴交角的值,如果安装时轴交角不对,就会造成两个锥齿轮的啮合不信,产生运动不平稳,噪声增大。本实验台锥齿轮的轴交角设计值为 90°。

(3) 带传动搭接 如图 3-18 所示,带轮机构主要由主动带轮、从动带轮和张紧在两轮上的带组成。当原动机驱动主动带轮时,借助带轮与带之间的摩擦或啮合(同步带),传递两轴间的运动和动力。

图 3-18 九级变速传动机构

优点:结构简单紧凑、传动平稳、造价低廉、不需润滑,有缓冲的作用,在机械设备中获得了广泛应用。

缺点:当传动转矩超过带轮与带之间摩擦力极限值时,将产生打滑现象,传动比不稳定。带传动一般不适用于高温或有腐蚀性介质的环境。

(4) 链传动搭接 链传动由主动链轮、从动链轮和链条组成。工作时,通过和链齿啮合的链条把运动和转矩由主动链轮传给从动链轮。链传动和带传动都是挠性传动,但其工作原理不同:链传动是依靠链节与链轮轮齿的啮合,而带传动则依靠带与带轮之间的摩擦力。

缺点:不能保持瞬时传动比恒定,工作时有噪声,磨损后易跳齿,不适用于受空间限制、要求中心距小以及急速反向传动的场合。

(5) 槽轮机构搭接 槽轮机构是一种常用的间歇运动机构。如图 3-18 所示,本实验台采用四槽槽轮机构，当传动轴带动圆销每转过一周，槽轮相应地转过 90°。例如，在电影放映机上的卷片机构，为了适应人们的视觉暂留现象，要求胶片做间歇运动，它采用四槽槽轮机构，当传动轴带动圆销每转过一周，槽轮相应地转过 90°，因此能使影片的画面短暂的停留。

（6）曲柄滑块机构搭接　如图 3-19 所示，曲柄滑块机构是用曲柄和滑块来实现转动和移动相互转换的平面连杆机构，也称曲柄连杆机构。曲柄滑块机构中与机架构成移动副的构件称为滑块。

曲柄滑块机构广泛应用于往复活塞式发动机、压缩机、压力机等的机构中。活塞式发动机以滑块为主动件，把往复移动转换为不整周或整周的回转运动。压缩机、压力机以曲柄为主动件，把整周转动转换为往复移动。偏置曲柄滑块机构的滑块具有急回特性，锯床就是利用这一特性来达到锯条的慢进和空程急回的目的。

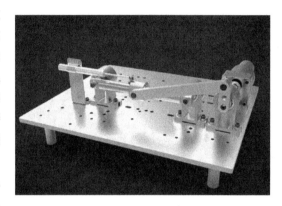

图 3-19　曲柄滑块机构

（7）曲柄摇杆机构搭接　曲柄摇杆机构如图 3-20 所示，通过认识曲柄摇杆机构，可以理解观察牛头刨床、往复式运输机和插床等设备的工作原理。让学生观察牛头刨床的进给动作，使学生直观感受进刀时慢，退刀时快的现象，更进一步了解曲柄摇杆机构的急回特性。

（8）曲柄导杆机构搭接　工程中如果需要大的行程速度变化系数时，往往采用曲柄导杆机构。如图 3-21 所示。

图 3-20　曲柄摇杆机构

图 3-21　曲柄导杆机构

（9）平底直动从动件盘形凸轮机构　图 3-22 所示为平底直动从动件盘形凸轮机构，凸轮的轮廓外形确定了平底直动从动件的运动规律。电动机通过齿轮减速传动凸轮主轴转动时，当矢径变化的凸轮轮廓与从动件的平底接触时，从动件产生往复运动；而当以凸轮回转中心为圆心的圆弧段轮廓与从动件接触时，从动件将静止不动。因此，随着凸轮的连续转动，从动件可获得间歇的、按预期规律的运动。

凸轮机构广泛运用于工业工程的各种设备中。例如，内燃机中气门的起闭，缝纫机中缝料的间断性送进，剑杆式织机剑杆的往复运动，胶印机中的递纸牙的特定的轨迹运动，机械控制的自动切削机床中尤其是标准件加工中刀具的工艺运动等，几乎所有简单的、复杂的重复机械动作都可由凸轮机构或者凸轮机构的组合机构来实现。因此，凸轮机构在机械化、自动化生产设备中得到极其广泛的应用。

（10）滚子摆动从动件盘形凸轮机构　当将图 3-22 中所示凸轮平底直动从动件换为摆动从动件后，就组成摆动从动件盘形凸轮机构，如图 3-23 所示。当凸轮匀速回转时，摆杆根据凸轮轮廓矢径变化，按预期规律摆动。

图 3-22　平底直动从动件盘形凸轮机构

图 3-23　滚子摆动从动件盘形凸轮机构

2. 典型组合传动创新设计搭接方案

除典型单一传动机构拼装方案，实验台还提供了十种典型组合传动创新设计搭接方案，方便进行快速搭接组合。

（1）组合传动创新设计搭接方案一　如图 3-24 所示。

传动路线：电动机→多级圆柱斜齿轮减速器→V 带→锥齿轮→九级变速器→滚子链→弹性联轴器→槽轮机构。

（2）组合传动创新设计搭接方案二　如图 3-25 所示。

传动路线：电动机→多级圆柱斜齿轮减速器→弹性联轴器→圆柱齿轮→锥齿轮→槽轮→V 带。

图 3-24　组合传动创新设计搭接方案一

图 3-25　组合传动创新设计搭接方案二

（3）组合传动创新设计搭接方案三　如图 3-26 所示。

传动路线：电动机→多级圆柱斜齿轮减速器→弹性联轴器→V 带→滚子链。

(4) 组合传动创新设计搭接方案四　如图 3-27 所示。

传动路线：电动机→多级圆柱斜齿轮减速器→锥齿轮→九级变速器→弹性联轴器组。

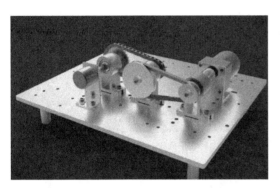

图 3-26　组合传动创新设计搭接方案三

图 3-27　组合传动创新设计搭接方案四

(5) 组合传动创新设计搭接方案五　如图 3-28 所示。

传动路线：电动机→多级圆柱斜齿轮减速器→弹性联轴器→圆柱齿轮→锥齿轮→槽轮机构。

(6) 组合传动创新设计搭接方案六　如图 3-29 所示。

传动路线：电动机→多级圆柱斜齿轮减速器→弹性联轴器→曲柄滑块机构。

图 3-28　组合传动创新设计搭接方案五

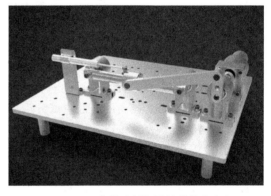

图 3-29　组合传动创新设计搭接方案六

(7) 组合传动创新设计搭接方案七　如图 3-30 所示。

传动路线：电动机→多级圆柱斜齿轮减速器→弹性联轴器→曲柄导杆机构。

(8) 组合传动创新设计搭接方案八　如图 3-31 所示。

传动路线：电动机→多级圆柱斜齿轮减速器→弹性联轴器→曲柄摇杆机构。

(9) 组合传动创新设计搭接方案九　如图 3-32 所示。

传动路线：电动机→多级圆柱斜齿轮减速器→弹性联轴器→圆柱齿轮→平底直动从动件盘形凸轮机构。

(10) 组合传动创新设计搭接方案十　如图 3-33 所示。

传动路线：电动机→多级圆柱斜齿轮减速器→弹性联轴器→圆柱齿轮传动→滚子摆动从动件盘形凸轮机构。

图 3-30 组合传动创新设计搭接方案七

图 3-31 组合传动创新设计搭接方案八

图 3-32 组合传动创新设计搭接方案九

图 3-33 组合传动创新设计搭接方案十

3. 机构运动规律测试、分析

实验台在单个或多个组合运动机构搭接完成后，根据需要方便地安装上直线位移传感器、角位移传感器，使用配套的测试分析仪与软件，可方便地对搭接完成后的机构运动规律进行测试与分析，得到该运动机构的传动特性参数及运动规律曲线。

1）使用角位移传感器及配套的测试分析仪与软件，可测试单一传动系统或组合机械传动系统的传动特性参数及规律曲线，使学习者可清晰地分析传动机构的轴输入、输出转速及回转不均匀系数等运动参数的变化。

2）使用直线位移传感器、角位移传感器及配套的测试分析仪与软件，可对该实验台曲柄摇杆、曲柄滑块、凸轮等单个或多个机构的直线位移、速度、加速度、角位移、角速度、角加速度等运动参数及规律进行测试，在计算机上可清晰直观地观察到运动参数变化的关系曲线，实现运动轨迹可视化。

四、实验操作步骤

1）认识实验台提供的各种传动机构的结构及传动特点。
2）确定执行构件的运动方式（回转运动、间隙运动等）。
3）设计或选择所要拼装的机构。
4）看懂拼装机构的装配结构和实验台底座按装孔尺寸图。
5）找出有关零部件，并按装配结构图进行安装。

6）机构安装完成后，先用手拨动机构，检查机构转动是否正常。

7）机构转动正常后，连接上电动机或手轮使机构正常运行。

8）若需对搭接完成后的机构进行运动规律测试、分析，则需安装所需的传感器并启动测试、分析软件。

9）实验完毕后，拆下有关零部件，放回原处。

五、注意事项

1）机构运行前一定要仔细检查连接部分。

2）机构运行前手动转动机构，检查完成拼装的机构是否可整转。

3）机构在运行过程中，不许用手触摸旋转部位。

4）机构运行时间不宜太长，隔一段时间应停下来检查机构连接是否松动。

5）实验时必须注意安全。女生必须带帽，将长发盘于帽中。操作者必须紧扣衣袖扣。

六、典型组合传动创新设计搭接底座安装尺寸图

1. 组合传动创新设计搭接方案一

搭接方案一布局图如图 3-34 所示。

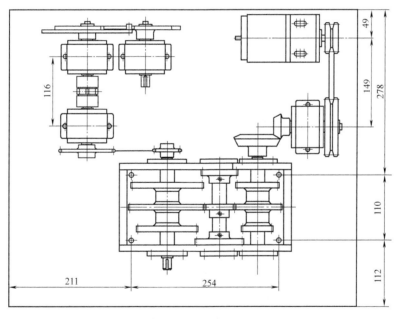

图 3-34 搭接方案一布局图

搭接方案一底座尺寸安装图如图 3-35 所示。

2. 组合传动创新设计搭接方案二

搭接方案二布局图如图 3-36 所示。

搭接方案二底座尺寸安装图如图 3-37 所示。

3. 组合传动创新设计搭接方案三

搭接方案三布局图如图 3-38 所示。

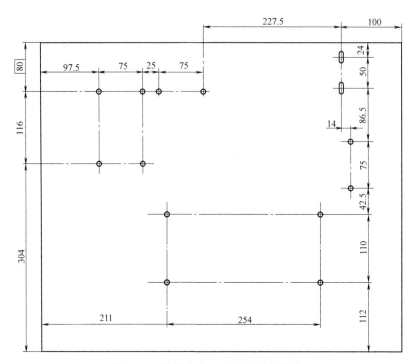

图 3-35 搭接方案一底座尺寸安装图

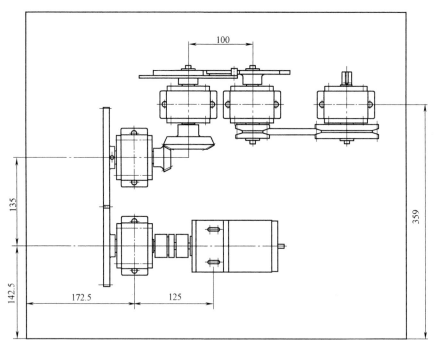

图 3-36 搭接方案二布局图

搭接方案三底座尺寸安装图如图 3-39 所示。

4. 组合传动创新设计搭接方案四

搭接方案四布局图如图 3-40 所示。

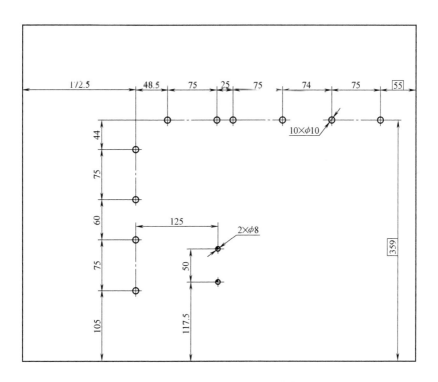

图 3-37 搭接方案二底座尺寸安装图

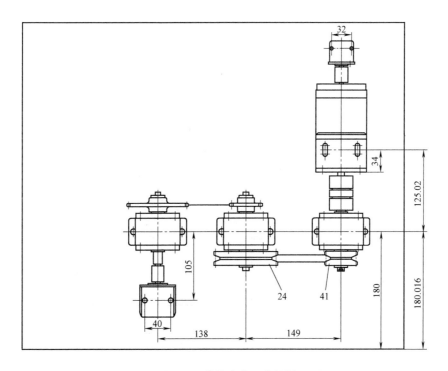

图 3-38 搭接方案三布局图

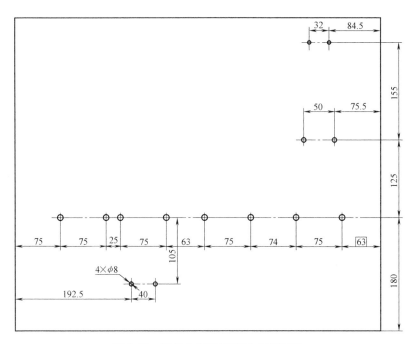

图 3-39 搭接方案三底座尺寸安装图

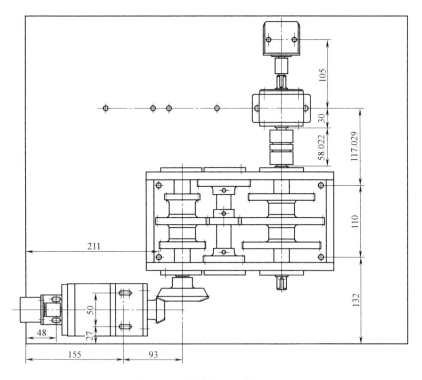

图 3-40 搭接方案四布局图

搭接方案四底座尺寸安装图如图 3-41 所示。

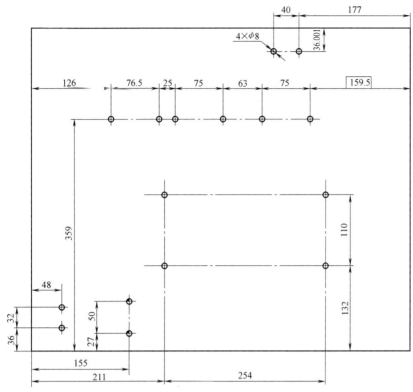

图 3-41 搭接方案四底座尺寸安装图

5. 组合传动创新设计搭接方案五

搭接方案五布局图如图 3-42 所示。

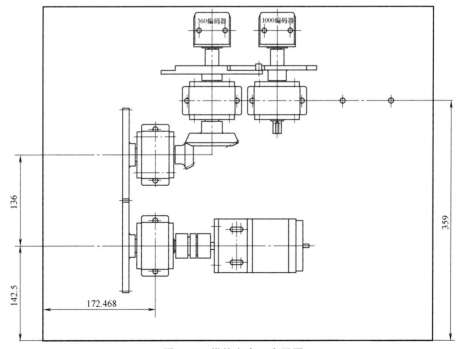

图 3-42 搭接方案五布局图

搭接方案五底座尺寸安装图如图 3-43 所示。

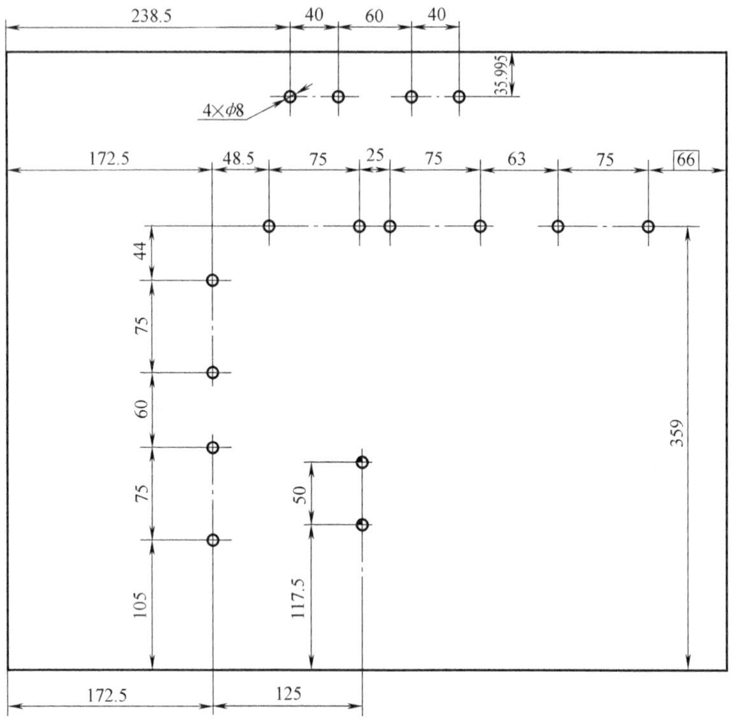

图 3-43　搭接方案五底座尺寸安装图

6. 组合传动创新设计搭接方案六

搭接方案六布局图如图 3-44 所示。

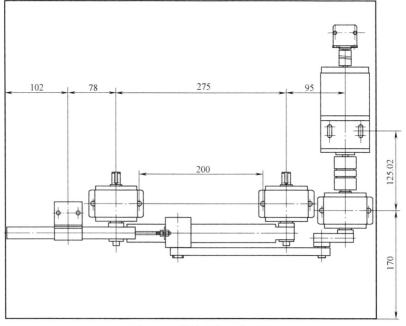

图 3-44　搭接方案六布局图

搭接方案六底座尺寸安装图如图 3-45 所示。

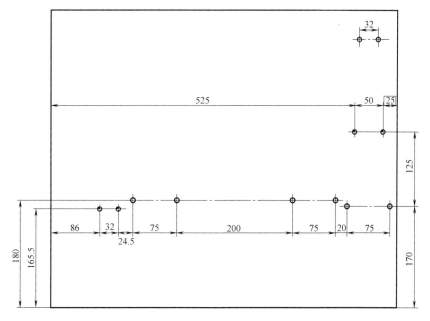

图 3-45　搭接方案六底座尺寸安装图

7. 组合传动创新设计搭接方案七

搭接方案七布局图如图 3-46 所示。

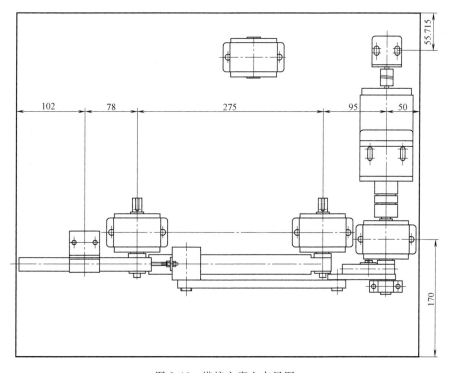

图 3-46　搭接方案七布局图

搭接方案七底座尺寸安装图如图 3-47 所示。

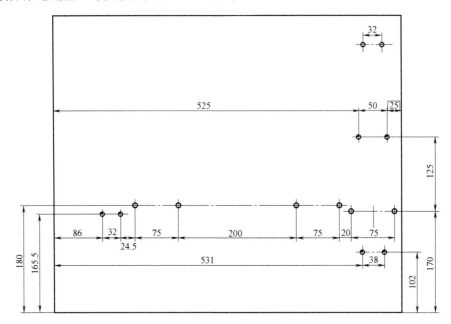

图 3-47　搭接方案七底座尺寸安装图

8. 组合传动创新设计搭接方案八

搭接方案八布局图如图 3-48 所示。

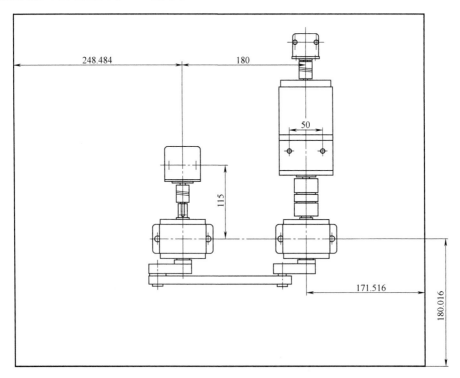

图 3-48　搭接方案八布局图

搭接方案八底座尺寸安装图如图 3-49 所示。

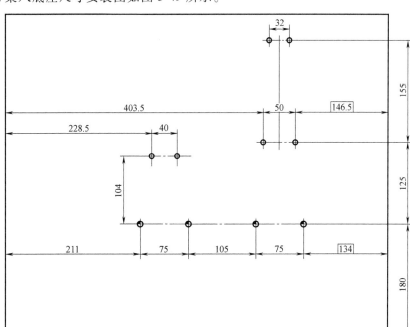

图 3-49　搭接方案八底座尺寸安装图

9. 组合传动创新设计搭接方案九

搭接方案九布局图如图 3-50 所示。

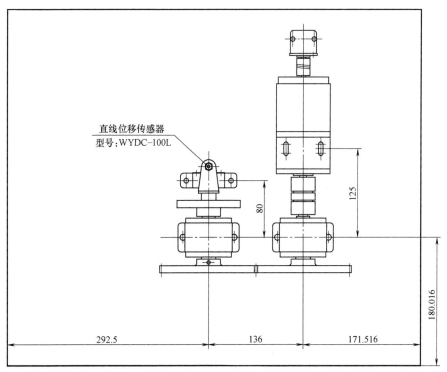

图 3-50　搭接方案九布局图

搭接方案九底座尺寸安装图如图 3-51 所示。

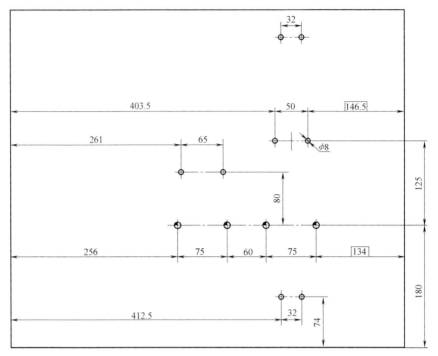

图 3-51 搭接方案九底座尺寸安装图

10. 组合传动创新设计搭接方案十

搭接方案十布局图如图 3-52 所示。

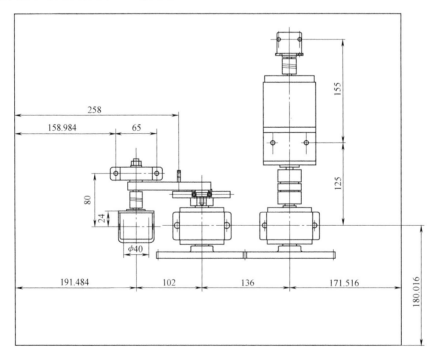

图 3-52 搭接方案十布局图

搭接方案十底座尺寸安装图如图 3-53 所示。

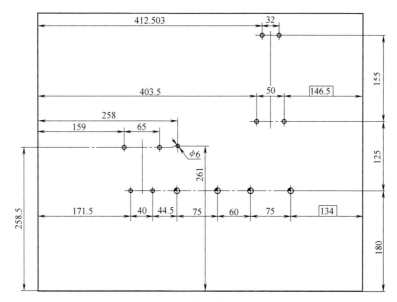

图 3-53 搭接方案十底座尺寸安装图